降雨径流面源污染及风险防控

王以尧　贾滨洋　著

中国环境出版集团·北京

图书在版编目（CIP）数据

降雨径流面源污染及风险防控/王以尧，贾滨洋著.
—北京：中国环境出版集团，2021.11
ISBN 978-7-5111-4486-7

Ⅰ.①降… Ⅱ.①王…②贾… Ⅲ.①降雨径流—
水污染—面源污染—研究 Ⅳ.①X52

中国版本图书馆 CIP 数据核字（2020）第 211729 号

出 版 人　武德凯
责任编辑　曹　玮
责任校对　任　丽
封面设计　岳　帅

出版发行　**中国环境出版集团**
　　　　　（100062　北京市东城区广渠门内大街 16 号）
　　　　　网　　址：http://www.cesp.com.cn
　　　　　电子邮箱：bjgl@cesp.com.cn
　　　　　联系电话：010-67112765（编辑管理部）
　　　　　发行热线：010-67125803，010-67113405（传真）
印　　刷　北京建宏印刷有限公司
经　　销　各地新华书店
版　　次　2021 年 11 月第 1 版
印　　次　2021 年 11 月第 1 次印刷
开　　本　787×960　1/16
印　　张　16
字　　数　240 千字
定　　价　68.00 元

中国环境出版集团郑重承诺：
中国环境出版集团合作的印刷单位、材料单位均具有中国环境标志产品认证；
中国环境出版集团所有图书"禁塑"。

前　言

　　降雨径流面源污染是指溶解或者固态的污染物随降水冲刷过程，进入受纳水体从而引起水体富营养化和污染的过程。面源污染由于起源分散、多样，地理边界和位置难以识别和确定，其影响规模大、防治困难。目前，我国点源污染逐渐得到削减和控制，降雨径流面源污染控制日益成为水生态环境质量继续改善的关键点之一。从 20 世纪 80 年代开始，我国陆续开展面源污染研究，主要涉及城市面源污染和农业面源污染等，不同地方有个别针对性研究报道。本书力图从面源污染产生、累积和输出的机理出发，系统研究降雨径流面源污染物质流失、迁移、转化规律和环境风险防控措施，并以上海市和成都市为例进行现场研究实践，为城市、种植农业面源污染的定性评估、定量研究和环境风险防控等提供理论和实践依据。本书可作为教学、研究和工程应用的参考用书，全书共分 7 章。

　　第 1 章概述，主要综述面源污染水质特征、相关模型以及污染控制措施。第 2 章面源污染理论与方法研究，系统探讨污染物（营养盐）累积、冲刷和输出过程，从经典统计模型出发，分析主要影响因子并进行研究方法学梳理，研发采样工具和人工模拟降雨装置。第 3 章上海市城市面源污染特征研究，系统研究沉积物物理化学性质和建立沉积物累积统计模型方程；探索沉积物冲刷比例，通过自然降雨和人工降雨相结合的方式研究上海市降雨径流物理化学特征；系统建立降雨径流污染物浓度-时间、污染物初期冲刷、场次降雨平均浓度与场次降雨输出负荷的统计模型方程，并在国内外研究中明确上海市降雨径流污染程度。第 4 章成都市城市面源污染特征研究，在成都市开展降雨径流污染物累积、冲刷和输出研究的同时，进一步分析面源污染区域输出总量及受城市管理因素的影响，为探索大城市面源污染规律增加了案例验证。第 5 章上海市种植农业面源污染特征研究，全过程研究上海市平原河网地区种植季节周期内降雨径流营养盐流失时空分布、迁移转化规律，并建立定量流失负荷方程；研究农田营养盐流失浓度和流失负荷情况，并探索建立与施肥量、施肥方式的关系；建立农业生态系统新的碳氮比例化学计量关系，并在国内外研究中明确上海市平原河网地区种植农业流失负荷程度。第 6 章城市和种植农业面源污染特征对比分析，系统分析中心城区和种植农业（营养盐）输入方式、输出方式及产污时间，比较中心城区和种植农田降雨径流营养盐输出浓度、输出形态和输出负荷。第 7 章面源污染环境风险控制措施研究，系统总结城市和农田降雨径流污染物环境风险控制常见措施，通过理论、实践案例分析大中城市降雨径流污染负荷控制的主要方法，通过中试试验验证平原河网地区农田营养盐流失控制的有效措施。

本书第 1 章由贾滨洋撰写。第 2～7 章由王以尧撰写，全书由王以尧统稿。李君、陈实、詹鸿鑫、贺玲玲、谢红玉、周原、谢立、曾诚程、林敏、曹于芮、李薇、张燕、杨聪、刘昊、腾胜东、樊丽君、王照丽、王雅潞、钟一然、覃雪等对本书资料收集、排版、编辑和校对做了大量工作。

感谢徐祖信教授对本书科研工作的长期指导和大力帮助，感谢高红高级工程师对本书中成都科研试验工作的指导，一并致谢本书所有的参考文献作者及为本书出版付出辛苦劳动的同志。

限于作者水平，书中难免存在偏颇与谬误之处，恳请读者批评指正。

王以尧

2021 年 10 月十成都

目　录

1 概述

水体污染可分为点源污染和面源污染。点源污染是指工业废水和城市污水集中排放等。面源污染，其污染源呈面状分布，是指在径流的淋洗和冲刷作用下，大气、地面和地下的污染物进入自然流域而造成水体污染。面源污染来源广，几乎含有自然和人工合成的各种化学、生物污染物质，进入水体后可产生各种各样的不良影响。降雨径流面源污染研究从下垫面角度分析，主要包括非渗透下垫面和渗透下垫面两种类型，其中城市是非渗透下垫面研究的重要地理区域，而种植农业则是渗透下垫面研究的重要区域。

城市降雨径流面源污染是指降雨过程淋洗、冲刷的空中漂浮物、建筑物附着物和街道地表物，通过漫流进入水体的污染现象（夏青，1982）。由于其污染负荷高且难以控制，是目前重要的环境污染问题之一。据统计，目前我国城市污水收集处理率已达 83%以上，在东部城市和地区，有的高达 90%以上。然而，城市排水系统建成之后，河道水质仍达不到水环境功能区目标，甚至黑臭，汛期排水系统对径流调控能力不足，地面积水严重。城市面源污染是其中重要原因之一。有资料报道，在一些污水（点源）得到二级处理的城市，其受纳水体中 BOD_5 年负荷有 40%～80%来自面源污染。

种植农业面源污染主要是指在农业生产活动中，氮素和磷素等营养物质、农药以及其他污染物质通过农田的地表径流和农田下渗造成的水环境污染。2010 年《第一次全国污染源普查公报》显示，种植农业面源污染物排放对水环境的影响较大，总氮、总磷排放量分别为 230.82 万 t 和 14.56 万 t，分别占排放总量的 12.84%和 34.40%。种植农业面源污染物中携带的大量氮、磷营养元素进入水体，引起水体的富营养化，导致水体浮游植物大量繁殖，从而破坏了水生生态系统平衡。同时，我国饮用水水源均取自江河与水库等地表水，种植农业面源污染物夹带的畜禽粪便中含有大量的细菌以及农药残留物，使得水质安全性降低，饮用水安全无法保障。

自 20 世纪 70 年代提出降雨径流面源污染后，逐步被证实是水环境重要污染风险源。美国、欧洲、日本等发达国家和地区发现面源污染贡献率远超过点源污染，在我国的密云水库、于桥水库、巢湖、淀山湖等流域也得出了类似结论。降雨径流面源污染引起的环境风险主要包括水体悬浮物浓度升高、有毒有害物质含量增加、溶解氧降低、水体富营养化等。所以开展城市、种植农业降雨径流面源污染系统研究对于环境污染风险控制非常重要。

1.1 面源污染特征综述

1.1.1 城市降雨径流污染物来源——主要来源于地表沉积物，迁移性强

降雨径流是雨水冲刷地表污染物而产生的，国外对于降雨径流与地表沉积物的研究较早，取得了很多重要成果。1975 年，*Nature* 杂志首先提出了地表灰尘概念（Day et al., 1975），Sartor 等在 20 世纪 70 年代对美国 12 个城市开展了地表灰尘重金属和营养盐污染的调研，主要将其污染程度和空间分布作为研究内容，他认为地表灰尘是水体面源污染"源"要素，必须重视"地表灰尘对水环境污染的意义"，让人们逐渐将地表灰尘与径流污染进行相应联系（Sartor et al., 1974）。进入 20 世纪 90 年代后，地表灰尘都是以"地表沉积物"的方式出现，人们开始逐步研究其污染物的累积规律、影响因素及去除措施等（Ball et al., 1998）。国内对于城市地表沉积物的研究开始于 20 世纪 90 年代，施为光率先在成都开展了地表沉积物的累积和污染特征调查（施为光，1991），之后较少有研究报道，直到 21 世纪初，郭琳等在长沙、杜佩轩等在西安展开了沉积物的调查与研究（郭琳等，

2003；杜佩轩等，2002）。

在上海中心城区沉积物的相关研究中，蒋海燕于 2005 年对上海市的交通要道、文教与居民区、商业区和工业区进行了比较研究（蒋海燕，2005）。张菊也在 2005 年报道了上海市街道沉积物中重金属的来源主要是汽车污染，其次是工业污染（张菊，2005）。常静在 2007 年系统报道了上海市中心城区地表沉积物在 1 年中的累积量没有明显季节变化特征，但污染物含量冬春季较高、夏秋季较低。在污染物空间分布中，交通区高于校园区，广场区高于居民区。污染粒级效应中发现低于 75 μm 颗粒物的污染潜力最高。地表沉积物在无雨期的累积过程是一系列输入—输出过程共同平衡的结果。随着无雨期天数的增加，地表沉积物负荷总体上会逐渐增大，只有持续时间长、强度大的降雨对颗粒物和污染负荷才有明显的削减作用（常静，2007）。李娟英等在 2014 年对临港新城地表沉积物在不同功能区的重金属含量和粒径分布分别进行了报道（李娟英等，2014）。降雨径流污染物绝大部分来源于沉积物，但并不是所有地表沉积物都能在降雨过程中进入径流。地表累积污染物种类可分为"难转移"负荷和"易转移"负荷，前者很难被小强度降雨冲刷，但可以被吸尘器收集，如中小强度降雨只能将地表部分颗粒态沉积物冲刷转移到径流中（Vaze et al.，2007），因此"易转移"部分沉积物量小于吸尘器收集量（Egodawatta et al.，2007；Egodawatta et al.，2008）。因小粒径颗粒对污染物的吸附作用更强且易被冲刷，所以吸尘器吸取的"易转移"污染物占沉积物中的污染物质量的绝大部分（Huston et al.，2009；Deletic et al.，2005；Vaze et al.，2002；Lloyd et al.，1999）。然而由于研究上的难度，很少将沉积物和降雨径流进行系统研究。沉积物与降雨径流之间的关系，国内外大多数都只是从概念、现象和模型上进行推算。Parvez Mahbub 等在 2010 年用吸尘器进行沉积物采集、用人工模拟降雨装置对下垫面进行冲刷来研究污染物的累积和冲刷规律，发现 1～300 μm 颗粒物能够被降雨冲刷，其中 1～75 μm 颗粒物在冲刷过程中最稳定（Mahbub P et al.，2010）。Zhao 等在 2011 年和 2013 年分别对沉积物和降雨径流进行了研究，发现降雨强度和持续时间不能改变降雨径流中颗粒物的粒径组成，径流中小于 105 μm 的颗粒物虽然只占总沉积物重量的 40%左右，但在被冲刷颗粒物的重量中占 70%以上（Zhao et al.，2011；Zhao et al.，2013）。在国内报道中，常静在 2007 年提出"城市地表灰尘—降雨径流"的系统概念（常静，2007），王小梅在 2011 年研究发现街尘和径流中小于 149 μm 颗粒所占的重量比例及吸附的重金属浓度都较高，此粒径段颗粒物对环境的威胁较大（王小梅，2011）。王宝山也在 2011 年发现，路面和屋顶大部分粒径小于 200 μm（王宝山，2011），且能代表 70%以上的污染物，同时污染物冲刷以粒径小于 100 μm 为主，所以可用 200 μm 以下的颗粒污染物来代表实际冲刷转移量（Goonetilleke et al.，2009）。

1.1.2 城市降雨径流水质特征——污染物浓度时空分布差异大

城市降雨径流特征的研究国外开展较早，20 世纪 70 年代以来，美国国家环保局（USEPA）在 1979—1983 年设置了国家城市降雨径流项目（NURP），在美国 28 个城市地区中检测了 2 300 场降雨数据，并且提出了用场次降雨浓度（EMC）来表征径流污染物浓度。然后，美国地质勘探局（USGS）也开始在全国范围内开展暴雨径流监测工作，主要收集了从 1980 年以来，21 个城市中心城区 97 个区域共 1 100 场降雨资料。近年来，美国 CDM 公司（Desser 和 Mckee）对 USEPA 和 USGS 的数据资料及研究成果进行了数据整合，发展了一套完整的径流数据资料库。

很多研究都对城市降雨径流污染物的时间分布、空间分布及影响因素进行了分析，主要涉及土地利用类型、降雨特性（强度、雨量）、前期晴天数和季节变化等对径流污染物的时空分布产生的影响。Yuan 等 2001 年的研究表明，土地使用类型是影响径流污染负荷的重要因素，同时雨前下垫面累积的污染物质量、城市水文特征等是控制污染物循环迁移转化的主要因子（Yuan et al.，2001）。Armin 2002 年对美国路易斯安那州城市高速公路重金属污染负荷的研究表明，产生径流较小的降雨事件随着雨前晴天数的增加，污染物浓度也显著上升，同样，他发现高速路段重金属与颗粒物具有相似的浓度变化趋势，并据此建立了重金属污染负荷与颗粒物之间的关系方程（Armin，2002）。发达国家经过几十年的研究累积，对常规污染物已经建立起了完善的数据库，所以近年来国外的研究主要是开展一些微污染物质的监测，如 Claudia 在 2011 年报道了瑞士尤莱亚市降雨径流全氟烃酸出流情况（Claudia，2011），Mahler 等在 2012 年报道了美国得克萨斯州公路多环芳烃在降雨径流中的浓度分布情况（Mahler et al.，2012）。

国内对城市降雨径流的研究起步较晚，基本是在 21 世纪初才开始。赵剑强等、车武等在 2002 年分别对西安和北京地表径流水质排污规律进行了报道（赵剑强等，2002；车武等，2002）。卓慕宁等在 2003 年对珠海城区不同土地利用类型的降雨径流水质的时空分布进行了报道（卓慕宁等，2003），黄金良等在 2006 年对澳门路面径流和小汇水流域污染物的初始冲刷效应进行了报道（黄金良等，2006）。上海的研究报道也多，韩秀娣在 2000 年对上海西南区域的路面径流进行了报道（韩秀娣，2000），谭琼等在 2005 年、林莉峰等在 2007 年分别系统地对上海东北区域路面径流污染特征进行了报道（谭琼等，2005；林莉峰等，2007）。王和意在 2005 年的报道较为系统，通过 7 场较为全面的径流采集发现，COD_{Cr} 是径流的主要污染物，交通区（596.74 mg/L）＞商业区（366.28 mg/L）＞工业区（200.22 mg/L）＞居民区（144.37 mg/L）；其次为总氮（TN），交通区（26.82 mg/L）＞居民区（23.29 mg/L）＞商业区（22.73 mg/L）＞工业区（17.95 mg/L）；总磷（TP），交通区（1.17 mg/L）＞商业区（1.23 mg/L）＞工业区（0.93 mg/L）＞居民区（0.74 mg/L）；重金属 EMC 在工业区非常高，其次是交通区和商业区，居民区最低。屋面径流 EMC 各指标显著低于路面，如 COD_{Cr} 基本在 65～250 mg/L，同样重金属浓度大概为路面污染的 10%～20%。屋面材料是影响污染物浓度的重要因素，一般旧黏性材料污染浓度较大，水泥相对较低（王和意，2005）。林莉峰等在 2007 年的报道中发现，上海市中心城区非渗透下垫面径流污染物的中值质量浓度：COD_{Cr} 为 205 mg/L，TN 为 7.23 mg/L，TP 为 0.4 mg/L，远高于法国巴黎同类研究结果（林莉峰等，2007）。

1.1.3 种植农业降雨径流水质特征——施肥中氮磷元素大部分迁移到地表和地下

农业面源污染产生的氮、磷流失是造成水域环境污染的重要组成部分。20 世纪 50 年代后，国外对农业面源污染中土壤氮、磷的流失途径和机制做了大量研究。有研究者认为农业施用的磷肥利用率只有 10%～20%，被土壤固定的占 50%～60%，其余随水流失（Mcdowell et al.，2001），主要机制是淋溶和侵蚀，对氮肥的利用率只有 30%～50%，其余大部分通过挥发、径流和淋溶而流失（Wischmeier et al.，1958）。Knisel 在 1982 年报道，每年由化肥和土壤进入水域中的磷达到 $4.5 \times 10^7 \, kg$（Knisel，1982），田渊俊雄等在 1985 年报道，日本水田磷排出负荷为 0.3～8.4 kg/（$hm^2 \cdot a$）（田渊俊雄等，1985）。另外，土壤溶质纵向渗漏研究也逐渐成为农业面源污染研究的热点，根据作物、施肥量、土壤质地、降水和灌溉方式的不同，Verhoff 等在 1978 年报道，淋溶引起的氮肥损失可占总施肥量的 5%～15%，土壤根层 20% 残留硝酸盐和非根层 68% 残留硝酸盐可淋滤渗漏到地下水中，约占施入氮肥的 15%（Verhoff et al.，1978）。

我国对于农业面源污染的研究起步较晚，技术和手段也相对落后。20 世纪 80 年代以来陆续对太湖、滇池和巢湖等流域的农田氮、磷流失过程和产污机理进行了研究（马立珊等，1997；刘忠翰等，1997；阎伍玖等，1998）。关于农田土壤氮、磷流失的定量化研究也有一些报道，韦鹤平发现降雨径流和渗漏排出农田的氮素有 20%～25%是当季施用的化肥，在土壤-农作物系统中，氮素作物利用率仅 20%～35%，大部分被土壤吸附，5%～10%挥发到大气中（韦鹤平，1993）。朱荫湄研究认为地表水（湖泊等）中硝酸盐 50%来源于氮素化肥（朱荫湄，1994）；王庆仁等在 1999 年报道，在作物对磷肥的利用中，当季施用的只有 5%～15%，加上后效一般也低于 25%（王庆仁等，1999）。贺宝根等在 2001 年对上海市近郊农业面源污染负荷的估算表明，水旱轮作农田总氮年平均流失量约为 40 kg/hm^2（贺宝根等，2001）。郭红岩等研究发现，太湖流域农业面源污染占总非点源污染排放总量的

72.7%（郭红岩等，2003；郭红岩等，2004）。近年来，开始利用 ^{15}N 同位素示踪来研究作物对氮肥的利用率、氮肥流动去向等问题（党廷辉等，2003）。总体而言，我国对于农田营养流失的研究才刚刚起步，研究手段和技术落后，对季节性流失特征、典型的地理特征以及相应的流失机制的研究还不够系统。

1.2 面源污染模型综述

1.2.1 城市地表污染物累积模型——指数累积模型应用性较强

国内外对地表沉积物累积已经有了大量的研究。20 世纪 70 年代，Sartor 等研究发现，地表沉积物累积受前期晴天数、土地利用类型、交通流量等大量因素的影响，对美国 21 个城市地表沉积物研究表明，不同城市地表沉积物累积量的空间差异很大，变化范围在 3~749 g/m^2，而相同土地利用类型变化范围为 26~220 g/m^2（Sartor et al.，1974）。紧接着，80 年代研究发现下垫面沉积物的累积随土地使用类型的变化而变化，离交通要道越远，累积速率越低，表明城市区域内的人类活动，特别是交通活动，是大气沉积污染物的重要来源（Harned，1988；Hedges et al.，1987）。近年来，对污染物在不同区域和不同土地使用类型的研究一直在持续，因为每个城市的清扫水平、工业区所处的地理位置、城市的气流交换等气象因素等特征不同，污染物的地理分布差异较大。如王小梅在 2011 年研究发现北京城中村因为清扫问题，沉积物累积最多（王小梅，2011）。张菊在 2005 年报道中谈到上海内环线区域街道沉积物的 Cu、Pb 和 Zn 污染较为严重，城镇居住区重金属累积负荷大于公路和乡村（张菊，2005）。所以针对沉积物在空间分布上的研究由于众多因素影响较难有统一规律。

沉积物在非渗透下垫面的时间累积是一个复杂的动力学过程，定量测定污染物累积量可以为流域内非点源污染的控制管理提供重要的基础资料。20 世纪 70 年代，Shaheen 等提出了非渗透下垫面沉积物累积-冲刷概念模型，并得到了广泛认可（Shaheen，1975）。大多数研究认为，地表沉积物会随着前期晴天数（ADD）的延长而增加。这就意味着，降雨径流污染物负荷与 ADD 紧密相关。然而，Sartor 等发现，沥青道路表面沉积物的累积（通过吸尘器清洗得到）与 ADD 之间存在的指数方程相关性较差（Sartor et al.，1974）。但毋庸置疑的是，ADD 会影响污染物量的累积，这是建立污染物累积模型的基础。通常，污染物累积模型可以被表达为线性、幂函数、指数或者其他建立在时间上的方程。ADD 是一个重要的变量，90 年代以来广泛使用的暴雨管理模型（SWMM）就使用了这个方法（Geoffrey et al.，2010）。其他模型忽略了 ADD，然而，他们依旧认同，即使不能确定其相关性，累积和冲刷模型应该相互关联起来。总之，污染物累积与季节、ADD、风速、土地使用、交通有关，而冲刷与降雨强度、底部剪切力和其他因素有关（Erik，1999）。式（1.1）为 Grottker 在 1987 年研发的累积模型（Grottker，1987）。

$$L_t = L_1[1 - \exp(-k_2 \cdot t)] \tag{1.1}$$

式中，L_t 是流域内在晴天时间 t 累积的污染负荷，mg；L_1 为最大污染物累积负荷，mg；k_2 为累积系数，d^{-1}；t 为晴天时间，d。

式（1.1）展示了整个晴天时间累积的污染负荷，而公式的局限是，只能反映晴天数对于累积污染负荷的影响。为了更好地确定累积污染物量在以前的降雨事件中没有被冲刷掉，Charbeneau 等在 1998 年建议将累积模型修改为式（1.2）（Charbeneau et al.，1998）。

$$L_t = L_2 + (L_1 - L_2)[1 - \exp(-k_2 \cdot t)] \tag{1.2}$$

式中，L_2 是前期降雨冲刷留下来的污染物质量，被称为"晴天时期前期质量"，mg。

但指数累积模型在研究过程中也存在一定的问题，因为晴天时间对累积进行观测是预测前期预留下的滞留和污染物累积速率最理想的方法。但是，要预测晴天时间污染物的累积总量，观测实验要一直持续到暴雨事件的发生。有时，这样的观测时间非常长，使研究很难进行。Grottker 发现，降雨后污染物的累积主要发生在前期短时间的几天里，这主要是因为下垫面很干净，能够促使灰尘发生大量的累积（Grottker，1987）。随着下垫面表面的灰尘不断累积，其他一些因素（如风）会移除灰尘，最终促使达到平衡。Vaze 等在 2002 年对模型理论研究有了进一步的发展，认为非渗透下垫面沉积物来源于以下两个基本过程（图1.1）：累积和冲刷（Vaze et al.，2002）。累积过程大都发生在晴天时期，由于沉降在流域内的沉积物数量要大于风力和清扫事件的去除量，从而会形成一定的累积量；冲刷过程主要发生在降雨时期，大部分沉积物被径流冲刷带走，而其剩余物质又成为下一次累积过程的初始值。这样，特定流域内的沉积物是一系列不断重复的累积-冲刷过程的组合。

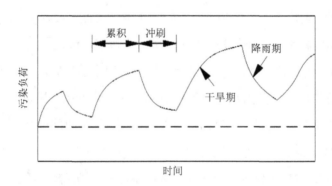

图 1.1　城市地表污染物的累积与冲刷过程（Vaze et al.，2002）

沉积物指数累积模型目前已广泛应用于沉积物污染负荷的预测和估算（Behera，2001），其中 Jieyun Chen 等在 2006 年用指数累积模型分别建立了 TSS、TKN、TP、COD_{Cr}、Zn、Al、Cu 和 Fe 的累积模型参数，与实际观测值具有较好的相关性（Chen et al.，2006）。国内报道中少见对城市沉积物的累积进行模型研究，它们大多是现象性的描述，如常静报道随着无雨期天数的增加，地表灰尘负荷总体上有增大的趋势，重金属负荷累积变化符合 S 形增长曲线（常静，2007）。

1.2.2 城市地表污染物冲刷及输出模型——国外综合模型较难适用于国内目前现状

城市降雨径流面源污染模型在早期阶段主要以土地利用对河流水质产生的影响为基础，研究内容主要包括降雨径流污染特性、影响因素、单场及多场次径流平均污染输出负荷等，根据因果分析及统计分析来建立统计模型，从而形成污染负荷与流域土地利用类型及径流量之间的数学统计关系（Haith，1976）。

20 世纪 70 年代中后期，中心城区降雨径流面源污染的研究逐渐全面和深入，机理模型和连续时间响应模型逐渐成为开发的主要方向，被广泛应用的模型有 SWMM、STORM、HSPF、DR3M-QUAL 及 UTM（Zoppou，2001）。SWMM 是最早提出的、最广为人知的模型，并广泛应用于城市排水系统水流水质（Huber，1992）。HSPF 模型主要是模拟流域水文水质，包括流域水量水质变化、径流预测、地表水和地下水的污染物浓度以及常规污染物浓度的计算。而为了治理合流制排水系统的污染问题，美国水文工程中心又开发了 STORM 模型，它能够模拟城市降雨径流水质变化过程，绘制出径流的水量-水质-时间的过程，能够包括悬浮颗粒物、BOD_5、氮、磷和总大肠杆菌等指标。DR3M-QUAL 是美国地质勘探局研制的，与 STORM 的功能相似，对于单一降雨事件和多场次降雨事件，都能较好模拟。

20 世纪 90 年代，在对过去城市面源污染模型多年应用总结的基础上，不断完善并推出新的模型。在面源污染负荷估算的流域开发方面，面源污染管理模型和风险评价是模型研究发展的新突破点。计算机技术发展、3S、GRASS GIS 和 ARC/INFO 等技术的应用，为城市面源污染的研究提供了很大便捷（Zhao et al.，2009）。这些模型不再是单纯的数学运算程序，而是具有空间信息处理、数据库技术、数学计算和可视化表达等功能的大型专业软件。如 Koudelak 等运用 GIS 技术来控制 SWMM 中的参数，从而使该模型从统计模型过渡到机理模型和联系实际序列的相应模型，它们不仅从城市本身特征出发，而且融入了农业面源污染研究的相关经验、借鉴参数和子模型等，应用范围逐渐从小区域扩大到整个城市河网水系,从单次降雨扩大到长时间模拟,3S 技术应用使得城市面源污染模型的应用性和精度显著提高(Koudelak et al.,2008)。

由于缺少系统的水文、水质监测数据等资料,我国城市面源污染模型方面的发展比较滞后,大部分是采用国外现成模型,再结合国内实际情况加以修改。在20 世纪 80 年代,国内城市面源污染研究仅局限于城市径流污染的宏观特征和污染负荷定量计算模型的研究(施为光,1993)。其中污染负荷定量计算模型主要包括三个方面:径流量与污染负荷相关性分析、水量与污染负荷之间的关系以及地表污染物累积规律研究(夏青,1982)。

20 世纪 90 年代后,分雨强计算城市径流污染负荷的方法为城市径流污染负荷定量计算提供了新的方向。同时随着 3S 技术的应用,城市面源污染定量化研究工作得到了推进,相关模型计算的精度也得到了提高。赵冬泉等将 SWMM 模型翻译成中文并与 GIS 嵌合在一起,同时加入汇水区划分、参数自动率定等模块,开发了 DigitalWater 商用软件。模型发展尺度越来越大,但是准确性必须依靠大量的数据累积。对于基础数据缺乏的我国大部分城市,必须累积大量的监测数据,再建立和完善相关的统计性模型(赵冬泉等,2008;赵冬泉等,2009a;赵冬泉等,2009b)。

1.2.3 种植农业面源污染负荷估算模型——以国外综合模型和国内统计模型为主

种植农业面源污染负荷估算模型发展较早,美国在 20 世纪 50 年代提出了 SCS(Soil Conservation Service)模型,为水文模拟计算提供了重要依据(Bruce,1998)。后来相继开发了 AGNPS(Agricultural Non-point Source Pollution Model)(Das et al.,2006)、CREAMS(Chemical Runoff and Erosion from Agricultural Management Systems)(Creams,1980)、SWAT(Soil and Water Assessment Tool)等模型(Arnold et al.,1993)。模型的发展大体可以分为 4 个阶段:20 世纪中叶的数学模型,如SCS 和 USLE(Universal Soil Loss Equation);20 世纪 60 年代的水文模型,如

Stanford 流域模型（Crawford et al.，1966）；20 世纪 70—80 年代的机理模型，加入了各种物理化学过程的子程序，如 SWAT、AGNPS 模型等；20 世纪 90 年代又发展了集成化模型，GIS 技术在模型中进行了大量应用（Tim et al.，1995；Vieux et al.，1993）。

近年来，面源污染特征、污染负荷定量化研究途径大体可以分为两种：直接模型和黑箱模型。直接模型需要对输入/输出及中间过程进行详细分解和模拟，模型建立和应用需要实地调查，收集所在地区的相关资料，以确定参数值；黑箱模型则不考虑污染物的实际迁移过程，而是以污染物的输出为依据，一般需要对径流地区水质和水量进行同步检测，以大量样本来反映污染物输出特征（章北平，1996）。对于典型流域特征污染负荷的估算，黑箱模型使用方便，且结果也较为准确。国内对于种植农业产污特征大多是描述性的研究，很少建立起相应的模型规律。胡永定在 2010 年报道，氮、磷累积流失量随着径流量累积而递增，流失量（Y）和径流累积量（Q）之间可以用幂函数关系 $Y=a \cdot Q^b$ 来表示，式中 a 和 b 为常数（胡永定，2010）。兰新怡在 2011 年报道，氮、磷流失量（Y）与累积降雨量（X）存在对数关系：TN，$Y=59\,657.0\,\ln X- 261\,132.0$；TP，$Y=100.11\,\ln X-405.6$，拟合的相关性均在 0.98 以上（兰新怡，2011）。

1.3 面源污染控制措施综述

1.3.1 城市降雨径流——国内雨水收集利用相比国外较晚、应用较少

随着降雨径流特征研究的开始，人们逐渐发现径流的污染特性和后续控制利用的重要性。20 世纪 70 年代起，发达国家就从保护水环境和合理利用水资源的角度出发，开展雨水污染治理及回用处理相关工艺的研究。例如，在雨水调节池后设置沉淀及过滤装置，又开发出相应的管理模型，如暴雨雨水管理模型、雨水储存处理与漫流模型以及径流管理模型等，对于雨水的控制回收利用有着重要意

义。此后，世界各国开始逐渐认识到雨水资源化利用的重要性，并加入雨水利用的行列，美国、巴基斯坦、印度和澳大利亚主要针对雨水收集进行研究（任杨俊，2000）。在雨水利用相关技术快速发展的同时，各国的学术研究活动也日趋频繁，于 20 世纪 80 年代初成立了国际雨水集流系统协会（IRCSA），以促进国际雨水控制利用研究方面的学术交流。

美国在 20 世纪 80 年代提出城市面源污染控制措施最佳管理实践（best management practices，BMPs），它是一套高效、经济和生态控制降雨径流的完善措施，其核心是采用工程性措施、非工程措施和维护程序来控制径流，以减少和预防水资源污染（代江才等，2009；金可礼等，2008）。其中工程性措施主要包括延长径流路程、减缓流速和收集储存后再缓慢释放、增强地表渗透能力等，经典措施主要有渗透路面，人工湿地，滞留池、雨水罐和砂滤系统等；非工程措施和维护程序主要包括政策制定、知识宣传、规章制度的管理和维护，从源头上减少污染物的产生和弃置。90 年代后期，柯辉等将自然景观融合性和城市发展空间性概念进行结合，提出了低影响开发的最佳管理模式（low impact development BMPs，LID-BMPs），它是小尺度分散型的开发模式，相对于第一代 BMPs 的优势在于规模小、分散且又能与景观设计相互融合（柯辉，2009；李迪华，2009），避免采用大空间来建设第一代 BMPs 设施带来的问题（Dietz et al.，2008），美国多个城市已将 LID-BMPs 技术引入本地的城市建设中，其措施也是当今国际学术界研究的热点。同时，从大尺度流域角度出发，Thorolfsson 提出利用城市的湖泊、盆地和湿地等自然景观容纳、储存雨水径流，通过这个措施来降低雨水径流峰值及污染物浓度（Thorolfsson，1998）。

德国在雨水处理利用方面工作开展较早，于 1989 年颁布了屋面雨水利用设施标准（Din，1989），随后德国城市雨水利用开始逐步进入标准化、产业化阶段，并向集成化、综合化方向积极发展。目前德国已开发出具有收集、储存、过滤、渗漏、提升、控制和检测等配套功能的设备和相关产品，并且建成了大量的雨水控制回用工程。如将雨水回用与城市环境和生态建设结合起来，建成各具特色的生态小区雨水利用设施。屋面雨水受污染程度低、后期水质良好，所以雨水径流收集后不经处理或前期弃流后即可作为冲厕、灌溉绿地和景观水体用水。道路含大量有机耗氧物质、重金属等污染物，收集的雨水径流一般先沉淀然后经氧化沟处理，待水质达标后再就地排放或入渗地下，不仅节约市政给水，还减轻了污水处理系统压力（丁跃元，2002）。

日本对雨水利用的研究也较多。早在 20 世纪 80 年代日本就开始实施雨水贮留渗漏计划，在庭院、绿地、公园、道路和停车场等场所设置渗漏管、井、池及其他雨水收集设施，将收集雨水稍加处理后作为冲厕、洗车和绿化等生活杂用水（杨文磊，2001）。同时，目前日本已经拥有很多雨水利用的建筑物，屋面集水面积达到 20 多万 m^2。

我国在 20 世纪 80 年代开始研究城市面源污染，但在诸多条件的限制下没有形成相应体系。90 年代后，逐渐提出了控制降雨径流及其污染物的新方法（施为光，1993；方红远，1998）。但随着国外降雨径流控制措施研究和实施的逐渐升温，国内王建龙、车伍等认为 LID 和 GIS 是控制改善城市水环境的有效途径，并系统介绍了 LID 技术特点、管理模型（王建龙等，2010；车伍等，2010）。赵晶等详细介绍了 LID 发展历程和设计理念，通过介绍相关案例来加深国内学者的相关了解（赵晶等，2011）。温莉等分别阐述了 LID 的实践和应用（温莉等，2010）。近年来，国内也开始 LID 实践的探索，其中生物滞留池、植草沟、渗透铺装和绿色屋顶备受关注。浙江嘉兴引入雨水花园和植草沟等技术进行绿化道建设（林海等，2011）。福建厦门引入绿色屋顶和透水地面进行 LID 建设（刘保莉，2009）。深圳市将 LID 理念引入市政规划中，在光明新区开展雨水管理利用的实践措施（胡爱兵等，2010；丁年等，2012）。在雨水利用方面，我国从 21 世纪以来也逐渐重视，如北京水务局 2003 年发布规定："凡在本市行政区域内新建、改建和扩建工程均应进行雨水利用工程设计和建设，建设工程的附属设施应与雨水利用工程相结合。"上海部分建筑也设置了雨水收集系统，如上海浦东国际机场航站楼设置了屋面雨水收集系统，世博场馆建设了屋面雨水收集系统，经简单处理后用于绿化浇灌和道路洒水。

1.3.2 种植农业降雨径流——国内应用仅有少量案例

鉴于种植农业面源污染的不确定性和控制上的难度，国内外提出了多种方法用于控制农业营养盐的流失，包括平衡施肥、土壤耕作管理、水肥管理、缓冲带及人工湿地技术（章明奎，2005）。20世纪80年代欧洲发达国家出台了控制氮肥污染的政策和法规，如西欧年施用氮肥量的安全上限为225 kg/hm²，作物收获后土壤残留不超过50 kg/hm²（王彩绒，2006）。

在种植农业面源污染过程控制中，20世纪50年代丹麦Ran等和前捷克斯洛伐克Burford等就将前置库作为有效技术手段，先后利用前置库治理水体富营养化（Ran et al.，2004；Burford et al.，2004）。我国在20世纪90年代也开展了相应的工程措施，如在于桥入库河流的入口段设置库，调节进水滞留时间，使泥沙和吸附在上面的污染物得到充分沉降，效果较好（边金钟等，1994）；同时前置库在滇池的面源污染防治中也得到了应用（杨文龙等，1996；阁自申，1996）。20世纪80年代起，美国采取了多种措施治理农业面源污染，如生物缓冲带、绿色基础设施及废水集中处理措施等，其中河岸植被缓冲带是美国农业部重点推广措施，在耕地侵蚀保护和生态环保方面具有重要作用（钟勇，2004）。我国在进入21世纪后也开展了大量滨岸缓冲带在面源污染防治方面的工作，取得了良好效果（丁疆华等，2000；谢德体等，2008；诸葛亦斯等，2006；邓红兵等，2001；叶建峰等，2004；叶建峰，2007）。湿地也是处理农业面源污染的较好措施，1999年，圣约翰斯河水资源管理局购买了19 000英亩*面积的农场，将其2 000英亩改造成湿地用于处理农业外源营养物质的输入（Coveney et al.，2002）。

我国在20世纪50—70年代大规模开垦湿地，将荒泽变为良田，造成农业生态环境严重破坏。80年代后，才逐渐开始研究农业面源污染，90年代面源污染加剧才引起了逐步关注，先后在深圳、北京和天津等地建立人工湿地处理系统来处

---

* 1英亩=0.404 7 hm²，全书同。

理农业面源污染（丁疆华等，2000），刘文祥在滇池防护带进行农业径流污染控制工程中，采用浮水植物池塘、沉水植物池塘和挺水植物池塘组成的人工湿地来控制农业中的氮、磷营养盐（刘文祥，1997）。

1.4　本书研究概要

面源污染区域广、类别多，本书以面源负荷占比较大的城市和种植农业为例开展研究。

1.4.1　城市降雨径流污染特征研究——以上海市和成都市为具体案例

城市面源污染具有随机性、复杂、难以跟踪、污染源范围广、污染物复杂、间歇性发生等特点，以及地域差异性、时间差异性和降雨差异性等特征。目前对面源污染已有大量研究报道，然而大多不能充分代表中心城区整体现状、不能涵盖不同时间降雨晴天数、不能包括大多数降雨类型（Field et al.，1990；Brezonik et al.，2002）。

常静从地表污染物累积和污染物冲刷两个方面来研究降雨径流污染迁移过程，但是没有建立起相应规律，也没有探索出累积污染物与降雨径流之间的关系（常静，2007）。王宝山从污染物累积、污染物转移和污染物输送特征 3 个方面去研究城市雨水径流污染物输移规律，建立了径流污染物冲刷模型和雨水径流污染平均浓度模型，但是模型较为复杂，使用者对参数的确定较难，同时研究者只是从具体一个点进行研究，没有充分考虑时间尺度和地域尺度，不能代表整个城市的综合水平（王宝山，2011）。Ying 研究了城市沉积物的物理化学性质，然后推测降雨径流污染物的相关性质，没有系统研究沉积物和降雨径流各自特征以及它们之间的关联性（Ying，2007）。城市降雨径流常见的一些研究内容及方法如表 1.1 所示，从表 1.1 中可以看出，降雨径流研究一般分为三类：第一类主要研究径流的物理化学性质；第二类主要是通过非渗透下垫面沉积物负荷来推算降雨径流污染物性质；第三类主要是通过相关模型来估算降雨径流污染物浓度及负荷。而从不同空间尺度、时间尺度、降雨类型、土地使用类型进行城市面源污染的综合研究少见报道，同时大多数研究没有建立起普适的模型规律，使研究结果的利用性较差。所以针对以上不足，本书研究的主要内容为：

（1）完善城市非渗透下垫面降雨径流物化特征（浓度、负荷及各物理化学形态），包括不同地理区域、降雨晴天数、降雨类型以及土地使用类型等重要影响因素，根据物化特征提出并分析相应污染物的控制措施。

（2）以沿海的上海市和内陆的成都市作为国内特大城市代表，将中心城区降雨径流污染特征研究作为具体实践案例，建立城市非渗透下垫面污染物累积、冲刷和输出浓度与负荷一系列的统计模型。

表 1.1　城市降雨径流研究方法

文献	晴天数/ d	土地 类型	区域	降雨场次 （降雨量/mm）	采样次数	模型
常静，2007	3～18	D（4）；RO（5）	1	6（7.5～43.7）	D（5）；RO（6）	无
王宝山，2011	无	RO（2）	1	3	RO（3）	冲刷模型、 平均污染物 浓度模型
田少白，2013	2.8～17.6	RO（2）	1	5（10.3～38.4）	RO（5）	无
王小梅，2011	无	（D；RO）2	D（5）	7（10～100）	D（4）；RO（7）	无
李晶，2012	2；6	RO（1）	1	2（33.5；155）	RO（2）	SWMM 模型
陈莹，2011	1～19	RO（1）	1	36（0.7～63）	RO（36）	无
Zhao H，2010	无	D（3）	D（4）	2（27；44）	D（1）；RO（2）	无
Qin H，2013	1.4～15	无	RO（4）	4（8.9～29.5）	RO（4）	无

注："无"表示没有相关研究；"D"表示沉积物研究；"RO"表示降雨径流研究。

1.4.2　种植农业降雨径流污染特征研究——以上海市为具体案例

农业土壤和周围生态环境是一个重要的缓冲系统，它有别于城市非渗透下垫面，所以研究方法有所区别，但污染物都具有来源广、影响因素多等面源污染的共同特点。种植农业受到气候、温度、作物生长、降雨、施肥、管理以及场地水力条件等影响，其营养盐流失和转移情况较为复杂，且元素之间内在关系也较为复杂。目前大多数研究以地表径流为主，而地下水以及沟渠、河流等迁移途径较少有系统研究。因为采样困难，大多数只是针对少量的降雨事件，而一个种植季节内的系统监测较少报道。目前针对施肥量的研究较多，而施肥量和施肥方式的综合研究较少。同时，我国平原河网地区面积广，且种植农业面源污染很容易进入受纳水体。针对以上方面，本书以上海市郊区为具体实践案例，研究种植农业降雨径流污染特征，主要内容为：

（1）完善平原河网地区种植农业营养盐流失迁移物化特征研究（浓度、负荷以及各化学形态），包含完整的种植季节、系统的迁移空间、不同施肥量和施肥方式，并根据相应物化特征，提出并验证相应污染物控制措施。

（2）建立营养盐流失迁移的模型，包含流失负荷定量评估统计模型方程、营养盐迁移元素关系的化学计量方程。

2 面源污染理论与方法研究

2.1 城市面源污染研究方法建立

城市非渗透下垫面降雨径流污染物是雨水冲刷地表沉积污染物产生的结果，这是降雨径流面源污染研究的基础，研究分为污染物的累积、冲刷过程与输出形式三个部分，污染物的影响因素也按照相应的形成过程进行梳理。

2.1.1 污染物的累积、冲刷与输出——以统计模型为研究基础

2.1.1.1 模型方程的选择

城市降雨径流污染物的流失受季节、交通、区域、土地使用类型、风速、前期晴天数、下垫面性质、降雨强度、降雨量等因素的影响。一场降雨受到 8 个以上因素的影响，且这些参数的变化是动态且没有规律性的，所以要从数学角度准确计算出这些因素对径流污染物出流浓度及负荷的影响程度，是很难实现的。因此，回归模型被认为是较差的预测方式（Grottker，1987）。但降雨径流污染物的产生实际上是雨水对地面污染物冲刷的结果，且雨水所携带的污染物相对较少（Stotz，1987），所以降雨径流污染物主要来自下垫面沉积物，而雨水只是污染物的溶剂和迁移的驱动力。经典的 Grottker 模型如式（2.1）所示（Grottker，1987）。

$$M_t = M_i \cdot \exp[-k_1 \cdot Q_{TRu(t)}] \tag{2.1}$$

式中，M_t 为流域污染物在时间 t 内的负荷质量，mg；M_i 为前期污染物单位面积质

量，mg；k_1 为冲刷系数，mm^{-1}；$Q_{TRu(t)}$ 是时间 t 的总径流量，m^3。

为了得到 M_i 值，须先研究下垫面污染物累积规律。

2.1.1.2 污染物累积规律

尽管很多研究表明，雨前晴天数和非渗透下垫面沉积物累积量的相关性较小（Sartor et al.，1974）。但是从沉积物累积机理来讲，降雨冲刷后未冲走的沉积物是沉积物累积的基础，然后通过大气沉降和材料磨损产生下一次降雨前累积的沉积物，这些都是在降雨后的晴天时间内完成的，是一个时间累积过程，拟合方程规律性不强，可能是外界随机影响因子造成的（如采样问题、气候问题等）。所以本书采用 Charbeneau 和 Barrett 改进的 Grottker 经典累积方程［式（2.2）］进行模拟（Charbeneau et al.，1998；Grottker，1987）。

$$L_t = L_2 + (L_1 - L_2)[1 - \exp(-k_2 \cdot t)] \qquad (2.2)$$

式中，L_t 是流域内在晴天时间 t 累积的污染负荷，mg；L_1 为最大的污染物累积负荷，mg；L_2 是前期降雨冲刷留下来的污染物质量，被称为"晴天时期前期质量"，mg；k_2 为累积系数，d^{-1}。

为了真正反映沉积物累积的时间规律，作者选择了属于降雨径流研究的重要季节（9 月 25 日—10 月 25 日）长达 1 个月的无雨期作为研究时段，共 14 次采样，具有较好的代表性。这样也避免了从降雨场次角度去研究雨前晴天数对降雨径流污染物的影响，提高了研究效率。但是下垫面累积的污染物质量 L_t 是否就是前期污染物质量 M_i 值，下面将进一步分析。

2.1.1.3 "非渗透下垫面可冲刷沉积物"分析方法

降雨径流污染物的产生是沉积物冲刷的结果，但是由于冲刷的水动力原因，转移到径流中的沉积污染物只是下垫面实际沉积物中的一部分。所以，将地表沉积物分为"难转移"和"易转移"2 个部分（Vaze et al.，2002）。Osuch 和 Zawilski 改进的 Grottker 模型所提及的重要参数——前期污染物总量 M_i 不是下垫面直接测定得到的沉积物污染量，而是降雨径流"易转移"部分（Osuch et al.，1998；Grottker，

1987）。所以：

$$M_i = M_0 \cdot T_r \qquad (2.3)$$

式中，M_i 为 Grottker 模型降雨前下垫面污染物质量（Grottker，1987），mg；M_0 为降雨前下垫面测定的沉积污染物质量[即式（2.2）中的 L_t]，mg；T_r 为非渗透下垫面沉积物在降雨径流中的转移比例，%。

M_0 可以直接测定，本书按照惯用做法，即用吸尘器采集的沉积物量作为沉积物的重量，和相应污染物质量浓度的乘积为沉积污染物的质量。即：

$$M_0 = G_0 \cdot C_0 \qquad (2.4)$$

式中，G_0 为下垫面实际测定的沉积物总重量；C_0 为沉积物中污染物质量浓度。所以：

$$T_r = \frac{M_i}{G_0 \cdot C_0} \qquad (2.5)$$

M_i 为能够转移到径流中的沉积物重量和转移部分沉积污染物质量浓度的乘积。因为降雨径流中沉积物粒径绝大部分为 100 μm 以下（Goonetilleke et al.，2009），王宝山认为降雨径流中 70%以上沉积物粒径在 200 μm 以下（王宝山，2011）。所以，本书先确定能转移的沉积物粒径 D_r，然后再测定此粒径范围的沉积物重量 G_r 和相应污染物浓度 C_r。即：

$$T_r = \frac{G_r \cdot C_r}{G_0 \cdot C_0} \qquad (2.6)$$

得到：

$$M_i = M_0 \cdot \left(\frac{G_r \cdot C_r}{G_0 \cdot C_0} \right) \qquad (2.7)$$

通过式（2.2）和式（2.7）可以得到下垫面可冲刷沉积物的累积规律方程，下面将重点分析不同降雨类型下污染物冲刷规律。

2.1.1.4　污染物冲刷规律

降雨径流产生是一个连续过程，而在实际研究中，水质采样的次数总是有限的，所以仅仅从较少的采样次数去评估整个降雨冲刷过程是不全面的，采用适合的模型对整个降雨过程进行模拟，才能真实全面反映降雨径流冲刷过程。

大量研究表明，降雨过程污染物浓度-时间变化基本呈指数衰减规律（常静，2007；车伍等，2003；王和意，2005），所以本书采用 Osuch 和 Zawilski 改进的 Grottker 模型进行非渗透下垫面污染物冲刷的模拟（Osuch et al.，1998；Grottker，1987），即：

$$M_w = M_i - M_t = M_i \cdot \left\{ 1 - \exp[-k_1 \cdot Q_{\text{TRu}(t)}] \right\} \tag{2.8}$$

式中，M_t 为时间 t 下垫面污染物负荷总量，M_i 为雨前下垫面可冲刷的污染物总量，M_w 为降雨事件冲刷物质总量，它们的单位都是 mg（重金属类单位为 μg）；k_1 为冲刷系数，mm^{-1}；$Q_{\text{TRu}(t)}$ 是时间 t 的总径流量，m^3。

因为冲刷污染物质量是浓度和流量乘积的累积，所以：

$$M_w = \int_0^t C_t \cdot Q_t \tag{2.9}$$

式中，C_t 为时间 t 下垫面径流质量浓度，mg/m^3；Q_t 为时间 t 下垫面瞬时流量，m^3。公式进一步变化得到：

$$C_t = \frac{M_{w(t)} \cdot M_{w(t-1)}}{Q_{\text{TRu}(t)} - Q_{\text{TRu}(t-1)}} \tag{2.10}$$

式中，$M_{w(t)}$ 和 $M_{w\,(t-1)}$ 分别为时间 t 和上一时刻（$t-1$）降雨冲刷物质总量，mg；$Q_{\text{TRu}(t)}$ 和 $Q_{\text{TRu}\,(t-1)}$ 分别为时间 t 和上一时刻（$t-1$）降雨径流总量，两者之差为时间 t 和（$t-1$）之间的流量，m^3。整理上式得到：

$$C_t = \frac{M_i \cdot \left[e^{(-k_1 \cdot Q_{\text{TRu}(t)})} - e^{(-k_1 \cdot Q_{\text{TRu}(t-1)})} \right]}{Q_{\text{TRu}(t)} - Q_{\text{TRu}(t-1)}} \tag{2.11}$$

式中，M_i 为各下垫面降雨前的实测值与可冲刷沉积物部分的乘积。

2.1.1.5　污染物初期冲刷效应分析

降雨径流初期冲刷效应的存在对污染物的控制是有利的，所以，初期冲刷效应的深入研究对降雨径流污染物的高效控制具有重要的意义。首先用 MFF 曲线来确定初期冲刷效应的存在与否，即负荷-流量曲线在斜 45°以上表示具有冲刷效应，在斜 45°以下表示没有冲刷效用（Ma et al.，2003）。然后用 MFF_{30} 和幂函数模拟曲线 b 值划分冲刷效应强度（常静，2007；Bertrand et al.，1998），具体见式（2.12）和表 2.1。

$$M_t = a \cdot V_t^b \qquad (2.12)$$

式中，M_t 为时间 t 累积冲刷的污染物总量，mg；V_t 为时间 t 累积径流量，m^3，但本书 M_t 是建立在 30%体积分数上（即 MFF_{30}），而不是简单的时间（t）关系；a、b 分别为污染物累积系数和污染物初始冲刷系数。

表 2.1　基于 M（V）拟合曲线的初始冲刷定量表征

	b	MFF_{30}	区间		等级
	$0<b\leqslant0.185$	$\geqslant80\%$	1		强烈
$b<1$	$0.185<b\leqslant0.862$	$35\%\sim80\%$	2	正	中等
	$0.862<b\leqslant1.000$	$30\%\sim35\%$	3		微弱
	$1.000<b\leqslant1.159$	$25\%\sim30\%$	4		强烈
$b>1$	$1.159<b\leqslant5.395$	$\leqslant25\%$	5	负	中等
	$5.395<b<+\infty$	—	6		微弱

从表 2.1 可以看出，初期效应的强烈程度主要与幂函数参数 b 值有关，本书试图分析各污染物质 MFF_{30} 与降雨类型之间的关系。

2.1.1.6　污染物降雨场次输出模型建立

（1）EMC 计算

降雨场次平均浓度（EMC）是预测污染负荷最有用的指标，一般可用降雨事件污染负荷总量和降雨径流总量比值来计算，见式（2.13）。

$$\text{EMC} = \frac{\int_0^t C_{(t)} \cdot Q_{\text{TRu}(t)} \mathrm{d}t}{\int_0^t Q_{\text{TRu}(t)} \mathrm{d}t} \tag{2.13}$$

若：

$$M_w = \int_0^t C_{(t)} \cdot Q_{\text{TRu}(t)} \mathrm{d}t \tag{2.14}$$

而将 EMC 的计算方式和冲刷模型联系起来，更有利于研究方法的统一。根据污染物冲刷模型，将式（2.8）代入式（2.14）后整理得到：

$$\text{EMC} = \frac{M_i \cdot \left\{ 1 - \exp[-k_1 \cdot Q_{\text{TRu}(t)}] \right\}}{\int_0^t Q_{\text{TRu}(t)} \mathrm{d}t} \tag{2.15}$$

式中，M_i 为雨前可冲刷污染物总量，M_w 为降雨事件冲刷物质总量，它们的单位都是 mg（重金属类单位为 μg）；k_1 为冲刷系数，mm^{-1}；$Q_{\text{TRu}(t)}$ 通过径流系数与降雨量来获得，L。所以 EMC 可以通过参数 M_i、k_1 和 $Q_{\text{TRu}(t)}$ 简单计算获得。

（2）EPL 计算

单位面积场次降雨径流污染负荷（EPL）是降雨径流污染物评价的重要指标之一，一般可以由降雨场次冲刷的污染物总量和单位面积之比得到：

$$\text{EPL} = \frac{\int_0^t C_{(t)} \cdot Q_t \mathrm{d}t}{A} \approx \frac{\sum C_t Q_t \Delta t}{A} \tag{2.16}$$

将其和污染物冲刷模型结合起来更利于研究和计算。将式（2.8）代入式（2.16）整理后得到：

$$\text{EPL} = \frac{M_i \cdot \left\{ 1 - \exp[-k_1 \cdot Q_{\text{TRu}(t)}] \right\}}{A} \tag{2.17}$$

式中，M_i 为前期污染物总量，mg（重金属类为 μg）；k_1 为冲刷系数，mm^{-1}；A 为下垫面面积，m^2；$Q_{\text{TRu}(t)}$ 通过径流系数与降雨量来获得。所以 EPL 可以通过参数 M_i、k_1、$Q_{\text{TRu}(t)}$ 和 A 值简单计算获得。

2.1.2　污染物累积影响因素分析——简化影响因素

下垫面沉积物降雨后被冲刷移除，天晴时间又不断累积，其累积状况与季节、交通、土地使用类型、风速、前期晴天数和下垫面性质有关（Erik，1999），因此，将众多影响因素简化以便于研究。

令 L_t 为流域内在晴天时间 t 累积的污染负荷、L_2 为前期降雨冲刷留下的污染物质量、S 为季节因素、C 为交通因素、E 为土地使用类型因素、W 为风速因素、G 为下垫面因素、ADD 为前期晴天数。

（1）季节因素 S：中心城区清扫方式基本一致，虽然春、冬季由于燃煤消耗大等因素造成相关污染物含量（如重金属）较高，但沉积物本身的重量没有明显的季节性变化（常静，2007）。从降雨径流角度考虑，上海市绝大部分降雨量分布在夏、秋季，所以降雨径流研究的时间范围内季节因素的影响较小。

（2）交通因素 C：交通是污染物排放和干扰的重要影响因素，一般乡村的污染物含量低于城市（Paode et al.，1998）。但对于中心城区来讲，交通繁忙程度在各行政区域来说没有明显差异，而只是体现在不同的土地使用类型上，如公路的交通量大于小区和学校，而广场和人行道基本没有机动车行驶。所以中心城区沉积物研究将交通因素统一归类为土地使用类型因素 E。

（3）土地使用类型因素 E：根据卫星遥感土地使用类型分类，本书时间累积研究选择广场、马路、小区、学校、停车场和人行道 6 个类型，区域累积研究选择占有比例较大的马路和小区 2 个土地使用类型。

（4）风速因素 W：沉积物在地面上的累积是一个沉降—悬浮—再沉降的动态过程，风力是很重要的影响因素，如风速大于 21 km/h 能够对沉积物进行较好的清除（Vaze et al.，2002）。但是由于重力原因，沉积物在空气中悬浮的时间很短，很快又会聚集到地面上。所以风速对于地表沉积物的累积只是一个短暂过程，具有区域和时间特征。如果从大尺度和长时间角度考虑，风速 W 影响沉积物累积的作用较小。

（5）下垫面因素 G：本书主要涉及非渗透下垫面，目前城市非渗透下垫面主要是沥青和水泥 2 类。就上海市而言，一般马路是沥青路面，而其他下垫面大部分为水泥，已经在不同土地使用类型中给予分类。

（6）中心城区非渗透下垫面沉积物累积的研究主要针对 3 个参数：前期晴天数（ADD）、地区差异（SP）和土地使用类型（E）。建立在 ADD 基础上的沉积物累积规律以及不同土地使用类型前面已有讨论，下面主要针对地区差异（SP）做进一步分析。

因本书研究区域是中心城区，为了研究不同区域之间是否存在差异，在行政区域中，按照方位原则选择了分别代表东、南、西、北、中方向的研究区域。在同一行政区域选择 4 个采样点，这 4 个采样点均匀分散于同一行政区域，以避免采样的偶然误差。每个采样点选择马路和小区 2 个下垫面，其使用面积和周边环境尽量一致，具有典型代表性。为避免时间累积的差异，采样集中在 2 天内完成。

2.1.3 污染物冲刷影响因素分析——简化为冲刷系数与降雨参数

下垫面降雨径流污染物的产生是雨水冲刷沉积物而形成的，其产污情况很大程度上受降雨类型的影响。用原始方程式（2.1）做进一步分析。

式（2.1）（见 2.1.1 节）是降雨径流污染物累积、冲刷和输出的模型基础。将模型方程进行如下梳理：

（1）将季节、交通、土地使用类型、风速、前期晴天数、下垫面性质 6 个参数归类为 M_i，可以通过沉积物累积模型获得（本书验证实验是通过雨前监测获得）。

（2）降雨冲刷的污染物质量 M_t 可以由污染物浓度和径流量的加权总和得到，降雨径流量 $Q_{TRu(t)}$ 可以通过雨量和径流系数之间的乘积获得（本书验证实验是在冲刷过程中实际测定），而冲刷过程不同时间浓度通过验证实验监测获得。

（3）通过上述分析，式（2.1）中只是涉及降雨径流冲刷系数 k_1 这个参数，与

$Q_{TRu(t)}$（即降雨类型）之间就可以构建单因素模型方程。

（4）为了全面获得降雨径流污染物特征，必须包含城市降雨所有典型特征。研究首先对城市降雨特征进行调查。以上海市为例，2001—2010 年上海市 10 年降雨场次平均值为 102 场，平均降雨总量为 1 132 mm，年降雨情况分布如表 2.2 所示（高原等，2012），从表 2.2 可以看出上海市降雨量主要分布为 2～65 mm。因验证实验中自然降雨不能涉及所有降雨类型，所以须通过人工模拟降雨实验补齐所有降雨类型。

表 2.2　上海市年降雨分布平均值

场次降雨量/mm	2	4	6	8	10	15	20	25	30	35	40	45	50	55	60	65
场次数（n）	40	15	9	6	5	7	4	3	3	2	2	1	1	1	1	2
各雨型降雨总量/mm	80	60	54	48	50	105	80	75	90	70	80	45	50	55	60	130

2.2　种植农业面源污染研究方法建立

种植农业面源污染主要受施肥、降雨类型等因素影响，在时间和空间输出上存在较大差异，且输出营养元素形态与内部之间存在一定的规律。

（1）施肥：营养盐流失主要受到人为和自然 2 个因素的影响，其中施肥量和施肥方式是重要的人为因素。所以本书设置 3 种不同的施肥量和 2 种不同的施肥方式进行影响因素内的对比研究，从营养盐流失浓度、流失比例 2 个角度去综合评价。

（2）时间：春、夏季是上海重要的种植和雨水集中的季节，所以选择春、夏季研究种植季节周期内营养盐的流失规律既符合农业种植管理实际，也是农业面源污染研究的重点。

（3）空间：营养盐流失主要包括地表径流、地下渗漏，以及在沟渠、河道中的传输。所以从农业生态系统不同空间研究营养盐的迁移规律，可为农业营养盐管理及环境治理提供重要科学依据。

（4）营养元素形态差异：同一元素存在不同形态，地表径流和地下水是营养盐流失的 2 个重要途径，元素迁移不同形态表明土壤系统不同的物化性质，也表明采用的处理方式有所区别。本书研究营养盐迁移的不同形态，以揭示营养盐转化的内在机理。

（5）降雨类型：农田对雨水具有渗蓄作用，所以农田只有在较大降雨量时才会产流。而营养盐流失负荷主要与流失浓度和径流量相关，分析出主要的影响因素对污染物的防控措施建立具有较好的理论支撑作用，而建立起营养盐流失负荷的模型方程有利于定量化评估。

（6）营养元素内在关系：均衡营养盐比例是农业种植和环境治理的重点，碳、氮比例一直是自然水域的重要环境关注点。所以本书采用化学计量法，从时间角度和空间角度探讨碳、氮比例模型，从而为农业生态管理碳、氮比例调控提供科学依据。

2.3 面源污染实验设备开发

2.3.1 人工模拟降雨装置的开发——降雨稳定性高、均匀度好且便于野外使用

降雨是污染物冲刷的重要影响因素，而实际的降雨事件是随机过程，所以，通过自然降雨和人工降雨相结合，可以有效完善降雨类型，缩短研究时间。且降雨径流污染物的产生实际上是雨水对地面污染物冲刷的结果，且雨水所携带的污染物相对较少，所以可以用人工模拟降雨来替代部分自然降雨进行径流污染物冲刷研究（Stotz，1987）。然而，目前市场上的人工模拟降雨装置，雨强调节难度大，有些利用电磁阀和雨量计进行调节，但这种方式因为雨量计分布以及电磁阀的灵敏度问题，调节响应时间较长。此外，常用的人工模拟降雨装置需要在主管上安

装调节阀，通过增加阻力强制改变输出水量，对于水泵的工作性能影响大，造成流量调节稳定性差。同时，很多人工模拟降雨系统将供水系统和支撑系统合为一体，这样造成野外安装检修非常麻烦，也常常因为较大水压促使连接处容易漏水。所以，本研究所需要的野外使用的且容易调节的人工模拟降雨装置需要独立研发。

2.3.1.1 开发内容

人工模拟降雨装置在对国内外同类产品进行综合对比后，选择材料易购、加工方便、组装快捷、结构简单、雨强易调节、雨滴模拟程度高等特点作为设计标准。该系统主要由供水系统、喷洒系统、调节系统 3 部分组成，降雨面积为 6 m²（2 m ×3 m）。具体设计如图 2.1 所示。具体设计原则如下：

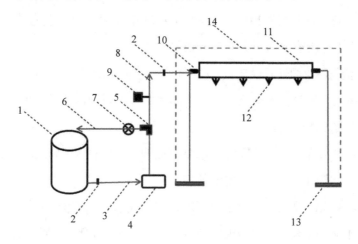

1—储水桶；2—开关；3—主水管；4—水泵；5—三通；6—回水管；7—调节阀；8—分水管；

9—压力表；10—便接头；11—布水管；12—喷头；13—支架；14—挡风罩。

图 2.1 可调式人工模拟降雨装置

（1）储水桶：因降雨实验在野外进行，所以储水桶的体积设计应能满足 1 次最大降雨所需水量。

$$Q_{降雨}=q×T×S/1\ 000 \tag{2.18}$$

式中，$Q_{降雨}$ 为需水量，m^3；q 为降雨强度，mm/h；T 为降雨历时，h；S 为降雨面积，m^2。

本实验设计最大雨量为 55 mm/h，最长降雨历时 2 h，6 m^2 降雨面积所需水量为 0.66 m^3，所以设计装置储水桶直径为 1 m，高度为 1.3 m，体积略大于 1 m^3。储水桶底部具有 1 个排水阀，可排尽桶内全部水体。在排水阀上方 15 cm 处安装主水管接头，并在接头上安装一个用于控制水流的开关。

（2）水泵：本实验装置选择威乐离心泵 MHI204，其选型原则如下。

1）扬程：水泵提供的扬程（$P_{水泵}$）须大于管道阻力（$P_{管阻}$）、布水管高度所需压力（$P_{水压}$）、喷头工作所需压力（$P_{喷头}$）之和。本实验装置 $P_{喷头}$ 工作压力为 0.12～0.3 MPa，$P_{管阻}$ 小于 0.01 MPa，$P_{水压}$ 为 0.025 MPa，所以选择扬程为 43mH$_2$O，大于实验装置工作所需最大压力 0.335 MPa。

2）流量：水泵所提供流量（$Q_{水泵}$）须大于降雨所需最大流量 Q_{max}（0.66 m^3/h），所以选择泵流量为 2.5 m^3/h。降雨所需的多余水量由回水管返回至储水桶，不会影响泵正常工作压力。

（3）主水管：主水管管径与水泵管径一致，内径为 25 mm。主水管为钢丝软管，具有一定的弯曲性，方便野外安装。

（4）喷头：喷头选择对于雨滴的模拟至关重要，袁爱萍报道在大量喷头比选中，从雨滴降落速度、撞击地面角度、雨滴大小分布和喷洒间歇性等方面考虑，只有 Veejet、Fulljet 和 WF 实心喷头最接近天然降雨特征（袁爱萍，2004）。所以本实验装置选择了美国斯普锐喷雾公司的 Fulljet 实心喷头。为模拟小、中、大 3 种降雨强度，选择了 0.3 mm、1.0 mm 和 1.5 mm 孔径的 3 类喷头。喷头所放置的高度也至关重要，因为它反映了雨滴动能恢复过程，只有足够高度才能使雨滴具有近似自然降雨的撞击速度，有研究表明当 Veejet 和 Fulljet 喷头在距离地面 2.4 m 以上时，能最大限度接近雨滴撞击速度（袁爱萍，2004）。考虑到安装和使用的便捷性，本书选择了 2.5 m 高度。为实现喷洒的均匀性，本装置每 1 m^2 设置 1 个喷头，6 m^2 共需 6 个喷头，喷头所在位置位于降雨服务面积的中心。

（5）布水管：在主水管上为每 1 个喷头分支出一条布水管，其内径为 15 mm。每条布水管设置 1 个开关，便于对每个喷头进行打开和关闭。

（6）调节阀：是调节不同降雨强度的阀门。通过调节流入喷头的流量，从而实现不同雨强的调节。流量调节的控制可以通过压力表间接反映出来，并通过不同压力来对所需雨量进行校验。

（7）挡风罩：在野外实验中挡风罩比较重要，因为风会干扰雨滴的降落。在装置四周安装挡风罩，其高度须高于喷头。

2.3.1.2　验证实验

人工模拟降雨装置建造好后，需要对其进行校验，尽量与自然降雨接近。表征降雨特性的因子很多，如进行逐一校验，在操作上存在困难。故本实验选择降雨强度、降雨均匀度及降雨稳定性 3 个重要参数进行校验。校验共设置 3 组喷头，不同雨强条件下分别打开各自喷头，其余处于关闭状态，所有试验水泵工作压力恒定为 0.3 MPa。在降雨区内按每 1 m^2 放置 1 个烧杯的原则均匀放置 6 个 500 mL 烧杯，降雨时间持续 1 h，实验进行 3 次。3 组不同喷头的工作验证不同雨强，6 个不同烧杯在 3 种不同降雨强度验证降雨均匀度，其均匀度公式为：[（1–AVEDEV）/X] × 100（X 为平均雨强，AVEDEV 为雨强平均绝对偏差），用 1 个烧杯在同一雨强下 3 次重复试验验证降雨稳定性，共 3 个雨强，其稳定性与均匀度公式一致。

2.3.1.3　验证效果

本书设计的模拟降雨系统由供水系统、喷洒系统、支撑架和调节阀组成。其结构非常简单，使用调节阀替代了传统产品的雨强控制系统（何流，2011）。同时优化喷洒系统，使用服务面积广的实心喷头来取代布置麻烦的针头喷洒器和更换麻烦的孔板喷洒器（沈晋等，1991；石生新，1996）。模拟降雨系统各部分相连处均使用软管和便接方式，方便安装和拆卸。模拟降雨系统避免了单喷头雨强调节范围窄的缺点，采用并联喷头的开关实现不同雨强切换（黄毅等，1997）。由于电磁阀和电位器雨强调节方式响应慢、稳定性差（何流，2011），且单一调节阀调节输水管压力来改变流量的方法稳定性差，水泵工作性能受到影响，所以该系统创新性地利用回水管水量分流原理调节喷洒水流的大小，简单、稳定性好，且响应快（孔花，2012）。

表 2.3 列出 3 种降雨强度下 6 个烧杯的降雨均匀度，从表 2.3 可以看出，校验的 6 个烧杯对降雨均匀度的验证都比较好，基本达到了 90% 以上，高小梅等研制的针头式模拟降雨器降雨均匀度在 85% 以上（高小梅等，2000），陈文亮等研制的多喷头模拟降雨器降雨均匀度在 80% 以上（陈文亮等，2000），所以本实验研制的喷头式模拟降雨器达到设计要求且略高于其他报道，主要是因为实验所选用的喷头规范、水泵性能较好，且喷头布置均匀度高。但是较小雨强的均匀度稍低于较高雨强，主要是因为小雨强使用的喷头孔径较小，雨滴下落速度较慢，易受空气气流的影响。

表 2.3　降雨分布均匀度校验　　　　　　　　　　单位：mm/h

降雨强度	烧杯 1	烧杯 2	烧杯 3	烧杯 4	烧杯 5	烧杯 6	平均值	均匀度/%
A 雨强	8.42	8.78	10.57	9.36	10.63	9.84	9.60	90.47
B 雨强	36.56	33.42	41.88	42.22	38.32	36.33	38.12	91.01
C 雨强	49.22	50.02	55.88	53.63	57.67	55.62	53.67	93.67

表 2.4 列出 3 种降雨强度下 3 次重复实验降雨的稳定性。从表 2.4 可以看出，A 雨强、B 雨强和 C 雨强的降雨强度差异较大、分布合理，在 3 次重复降雨场次的校验中，稳定性都达到了 95% 以上，说明在保持水泵压力（0.3 MPa）不变的情况下，通过打开不同孔径的喷头组来模拟不同的降雨强度是可行的。

表 2.4　降雨稳定性校验　　　　　　　　　　单位：mm/h

降雨强度	实验 1	实验 2	实验 3	平均值	稳定性/%
A 雨强	9.66	9.44	9.88	9.66	97.72
B 雨强	37.11	40.34	38.66	38.70	95.83
C 雨强	55.44	51.23	52.34	53.00	95.88

2.3.2 降雨径流采集系统的开发——可同时采集水样、记录流量且不影响雨水口市政功能

研究城市下垫面径流的水质和水量，就需要对径流进行采集和测量。然而，雨水口面积较小，用先进的采集监测设备很难安装，且存在费用高、管理难度大等问题，而直接从路面采集又不准确，可以直接在雨水口采集径流的设备少见报道，所以现场径流采集器的研发对于径流流量的测得和水质的准确采样非常重要。

2.3.2.1 开发内容

降雨径流采集一般比较困难，本书采取在雨水口安装径流采集漏斗（图2.2），然后用径流收集桶（图2.3）进行收集的方式。

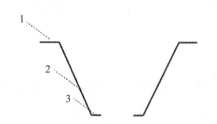

1—漏斗上边沿；2—漏斗体；3—漏斗下边沿。

图2.2　径流采集漏斗

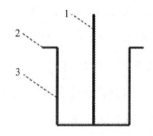

1—收集桶提杆；2—收集桶边沿；3—收集桶体。

图2.3　径流收集桶

（1）径流采集漏斗：首先在人工模拟降雨的场地选定雨水口，然后根据雨水口边框尺寸确定采集漏斗上边沿的长和宽，使采集漏斗能够稳定挂靠在雨水口的边框上。为使径流自然流入漏斗内，漏斗上边沿不得高于地面。同时，在漏斗上边沿与雨水口边框之间涂一层玻璃胶来确保径流不会渗漏。漏斗上边沿宽为2 cm，里面的漏斗体设置为椎体便于径流收集。漏斗底部为下边沿，其宽度为3 cm，用于放置径流收集桶。收集漏斗体积与雨水口服务面积成正比，一般在20 L以上。

（2）径流收集桶：径流收集桶边沿宽度为 2 cm，用于挂靠在径流采集漏斗的下边沿。径流收集桶的重力及水压使收集桶边沿贴在漏斗下边沿上，在 2 个边沿相贴面设置软垫层防止渗漏。收集桶体积为 2 L，收集桶底部安装一根提杆，便于收集桶的放置和提升。同时，杆的高度也反映出收集径流的体积。采集漏斗和收集桶的材料为 PVC 板，厚度为 2 mm。

（3）收集方法：地表产流后，径流随着漏斗上边沿流入漏斗内，此时将径流收集桶放置到采集漏斗底部，此时径流逐步汇合于漏斗和收集桶形成的空腔内。径流在腔体内上升的高度反映不同的体积，可通过测量提杆的高度而得出。待径流采集完毕，将径流收集桶提起，径流将重新流入雨水口内。本次实验需要量取全部径流体积，所以径流收集桶一直放置于采集漏斗底部，用小型抽水泵将径流抽取到地面上的径流收集桶内，再进行不同时刻径流体积的测量。为防止下垫面径流向侧面流动，在降雨区域侧面放置不锈钢边框条围成 4 面封闭的区域，在边框和地面之间涂上玻璃胶防止渗漏。

2.3.2.2 效果验证

本书设计的采样方法充分利用下垫面本身的坡度形成汇水区，并用不锈钢条和玻璃胶围隔的方式进行侧面封闭，方式简单，实验后可方便撤离及重复利用；利用雨水口收集径流的方式工作量小；利用采集漏斗和收集桶放置在雨水口内配合使用的方法进行径流收集和流量测定，所需装置费用低，实验后可方便撤离，不影响雨水口市政功能。孔花采用水泥封闭汇水区的方法工程量较大、不方便拆卸（孔花，2012）。雨水收集不需要另外安装引流管和引流渠（孔花，2012；Sansalone et al.，1997；Eckley，2009），同时不需要另外设置径流收集桶（孔花，2012）、无需先进的流量监测设备和采样设备，故价格非常便宜（Masoud et al.，2003；Sansalone et al.，1997）。

2.4　面源污染研究采样方法汇总

2.4.1　城市面源沉积物样品采样及分析——采集方法先进且具有代表性

城市非渗透下垫面沉积物采用飞利浦真空吸尘器（FC8760）进行采集，为避免沉积物分布不均，每个采样点选择相邻 3 个区域进行采集，混合为 1 个样品，采集的沉积物重量达到 200 g 左右（Zhao et al.，2013）。不同时间累积采样，采取相邻区域一致的原则进行，使每次采集的沉积物能够代表累积时间。

2.4.1.1　上海市中心城区沉积物样品采集

（1）沉积物特征和时间分布样品采样

采样地点都在杨浦区，具体情况如表 2.5 所示。沉积物采样时间：2014 年 9 月 24 日一场暴雨后开始沉积物采样，雨后、雨后 1 d、2 d、4 d，以后每 2 d 采样 1 次，同年 10 月 13—16 日未采样，后持续到 10 月 25 日共 14 次采样。

表 2.5　上海市各下垫面采样点基本情况

	广场	小区	马路	停车场	学校	人行道
材料	水泥	水泥	沥青	水泥	水泥	水泥
坡度	3%	3.5%	5%	3%	3.5%	4%
地点	曲阳家乐福	赤峰路	中山北二路	同济大学（西苑食堂后）	同济大学（医学院旁）	同济大学（南楼南侧）
环境状况	人和非机动车	人车混合	车道	人车混合	人车混合	人和非机动车
面积/m²	30	60	180	120	58	70

（2）沉积物累积样品采集

选择分别代表东、南、西、北、中和新区的杨浦区、徐汇区、长宁区、闸北区、静安区和浦东新区 6 个研究区域（图 2.4）。在同一行政区域选择 4 个采样点，这 4 个采样点均匀分散于同一行政区域，以避免采样的偶然误差。每个采样点选择马路和小区 2 个下垫面，其使用面积和周边环境尽量一致，以具有典型代表性。为避免时间累积的差异，采样集中 2 d 完成（2014 年 9 月 8—9 日）。

图 2.4　上海市中心城区示意图（✚为研究区域）

2.4.1.2　成都市中心城区沉积物样品采集

成都市中心城区非渗透下垫面沉积物采用真空吸尘器进行采集，为避免沉积物分布不均，每个采样点选择相邻 3 个区域进行采集，混合为 1 个样品，采集沉积物重量达到 20 g 左右。采样时间为 2016 年 11 月 1 日—12 月 2 日，2017 年 4 月 3 日—5 月 7 日。具体采样点见表 2.6。用 GIS 对成都市中心城区马路主干道、次干道，屋顶和小区道路进行提取，并分别计算一环内、一环至二环、二环至三环、三环至绕城四个区域面积。

表2.6 成都市采样点各下垫面基本情况

采样区域	采样地点
西纵	大石东路
	大石东路 17 附 1
	大石西路
	和嘉花园
	永康路
	西纵小区
	晋阳路
	晋阳路小区
南纵	小天竺街
	气象小区
	成科西路
	西南物理
	天府大道北
	长城南苑
	成汉南路
	天府新谷
北纵	万和路
	灯笼街小区
	北纵 2 马路
	北纵 2 小区
	北纵 3 马路
	北纵 3 小区
	北纵 4 马路
	北纵 4 小区
东纵	东纵 1 号点-双林马路
	东纵 1 号点-双楠小区
	东纵 2 号点-马路
	东纵 2 号点-小区
	东纵 3 号点-马路
	东纵 3 号点-槐树小区
	东纵 4 号点-成大花园
	东纵 4 号点-马路

采样区域	采样地点
高新西区	高新西区合作路
	高新西区合瑞路
	高新西区西源大道
	高新西区仁港路

2.4.2 城市降雨径流采样及分析——充分准备并采集到冲刷过程的代表性样品

在天气预报未来 3 d 内有降雨时，开始进行采样准备。第一是人员安排，按照每个采样点 2 个人员进行分配；第二是采样瓶准备，采样瓶为 500 mL 玻璃瓶，用 4%硝酸浸泡 24 h 以上，然后冲洗干净，用超纯水润洗 2 遍，在 30℃下通风烘干备用，每个样品采集 2 瓶；第三是径流采集器安装，降雨前在每个采样点雨水口安装好径流采集器，以保证降雨时能够采集到初期径流，采集器放置在雨水口内，安装后盖上雨水口盖子，不影响市政交通。为保证径流不发生渗漏，在采集器四周涂上玻璃胶。为防止径流采集器丢失，径流采集完毕后将采集器收回。

降雨开始前，采样人员携带所有采样器材在各个采样点驻守等待。采集时间点为径流开始时（0 min）、10 min、20 min、30 min、45 min、60 min，1 h 后每 30 min 采样 1 次直至径流结束。采集径流的同时，记录采集时间和径流汇集体积用于流量计算。径流采集结束后立即运回实验室进行保存和测定。

人工模拟降雨径流采集方法与自然降雨相同，采集时刻为：径流开始时（0 min）、5 min、10 min、20 min、30 min、40 min、50 min、60 min。

2.4.2.1 上海市中心城区降雨径流污染物测定数据采集与分析

（1）采样点

为加强定点观测过程，受降雨径流采样时间随机性限制，采取就近采样原则，选择杨浦区作为中心城区径流采样的代表。本书参照卫星遥感土地分类标准选择了 7 个典型下垫面，各下垫面按照周围地理环境状况分类，汇水区域明显且方便采样为原则进行了筛选，具体情况同表 2.5。

（2）采样方式

1）自然降雨

为采集到代表性的降雨径流，2 次降雨间隔在 3 d 以上。其中平均降雨强度采用式（2.19）计算。采集及降雨情况分别列于表 2.7 和表 2.8。

$$q_{\text{ave}} = \frac{Q_t}{T_t} \qquad (2.19)$$

式中，q_{ave} 为平均降雨强度，mm/h；Q_t 为总降雨量，mm；T_t 为总降雨时间，h。

表 2.7 自然降雨径流采集情况

降雨场次	广场	小区	马路	停车场	学校	人行道	屋顶
1	—	—		—	—		—
2	—	—	—	—	—	—	—
3	—	—	—	—	—	—	—
4	—	—	—	—	—	—	—
5	—	—	—	—	—	—	—
6	—	—	—	—	—	—	—
7	—	—	—	—	—	—	—

"—"表示 1 次采样。

表 2.8 自然降雨事件特征

降雨场次	日期	降雨量/mm	持续时间	平均雨强/（mm/h）
1	2014 年 7 月 27 日	11.6	2 h20 min	5.00
2	2014 年 8 月 9 日	7.2	2 h40 min	2.67
3	2014 年 8 月 29 日	5.7	2 h30 min	2.35
4	2014 年 9 月 2 日	32.8	1 h40 min	20.73
5	2014 年 9 月 13 日	3.1	1 h40 min	2.08
6	2014 年 9 月 18 日	8.3	2 h50 min	2.84
7	2014 年 9 月 22 日	44.3	9 h30 min	4.675

2）人工模拟降雨

由于自然降雨随机性大，且降雨分布在时间上很难统一，不同降雨强度下的研究难度增大。降雨径流污染物的产生实际上是雨水对地面污染物冲刷的结果，且雨水所携带的污染物相对较小，所以本研究使用人工模拟降雨系统进行不同雨强研究，由于在屋顶进行人工模拟降雨难度大，所以人工模拟降雨没有在屋顶下垫面实施（Stotz，1987）。采集日期和降雨情况如表 2.9 和表 2.10 所示。

表 2.9　人工模拟降雨径流采集情况

降雨事件	广场	小区	马路	停车场	学校	人行道
人工降雨Ⅰ	—	—	—	—	—	—
人工降雨Ⅱ	—	—	—	—	—	—
人工降雨Ⅲ	—	—	—	—	—	—

"—"表示 1 次采样。

表 2.10　人工模拟降雨事件特征

降雨事件	日期	降雨量/mm	持续时间/min	平均雨强/（mm/h）
人工降雨Ⅰ	2014 年 10 月 7—29 日	9.66	60	9.66
人工降雨Ⅱ	2014 年 10 月 7—29 日	38.70	60	38.70
人工降雨Ⅲ	2014 年 10 月 7—29 日	55.40	60	55.40

（3）　数据分析

1）浓度分布与水质评估

使用箱形图（Origin 9.0）对雨水和降雨径流理化指标、营养盐指标和重金属浓度分布进行分析。箱形图能够直观地反映出指标浓度的中位数、上四分位数、下四分位数、上下边缘、异常值及平均数，不仅便于定性描述，而且利于定量评价。

由于目前国内降雨径流大多数都是直接进入受纳水体，所以本书选择《地表水环境质量标准》（表 2.11 和表 2.12）对径流进行环境风险评估。在水质箱形图上增加地表水环境质量Ⅲ类、Ⅳ类和Ⅴ类水质标准线，从而便于定量评价降雨径流水质标准。污染物的固液分配比例则采取溶解态、颗粒态占总态的比例来直观描述。

表 2.11 常规指标地表水质标准

		COD$_{Cr}$/ (mg/L)	SS/ (mg/L)	pH	TN/ (mg/L)	TP/ (mg/L)
《地表水环境质量标准》 （GB 3838—2002）	Ⅲ类	20	—	6~9	1.0	0.2
	Ⅳ类	30			1.5	0.3
	Ⅴ类	40			2.0	0.4

表 2.12 重金属指标地表水质标准 单位：mg/L

		Cu	Zn	As	Cd	Cr	Pb
《地表水环境质量标准》 （GB 3838—2002）	Ⅲ类	1.0	1.0	0.05	0.005	0.05	0.05
	Ⅳ类	1.0	2.0	0.1	0.005	0.05	0.05
	Ⅴ类	1.0	2.0	0.1	0.01	0.1	0.1

径流常规指标来源于 7 场自然降雨和 3 场人工模拟降雨，径流重金属指标来源于 7 场自然降雨。

2）相关性分析

因为大多数颗粒态污染物浓度与 SS 的相关性较大（Sansalone et al.，2005），且大多数污染物与 COD 相关性较大（魏孜，2011），考虑到后续去除工艺和代表性指标的重要性，所以总态各指标的相关性分析主要针对 SS 和 COD 进行。溶解态污染物的迁移过程大多与 DOC 保持着相关性，所以溶解态各指标的相关性分析主要针对 DOC 和 TDCOD 进行（陈晨，2008；张凤杰，2013）。使用 SPSS 17.0 的 Spearman 对各测定指标进行相关性分析。

3）EMC 和 EPL 分析

平均降雨强度 $q_{均}$（mm/h）＝降雨总量（mm）/降雨时间（h）。M_i 值根据式（2.7）

和实际监测值进行计算。用 10 场次降雨事件进行模型校验，冲刷模型采用式（2.11），输出模型 EMC 采用式（2.15），EPL 采用式（2.17）。用 Nash-Sutcliffe（NS）相关性对测定值和模拟值进行相关性检验，不同场次降雨通过方差分析（ANOVA）进行差异性检验。

2.4.2.2 上海市中心城区降雨径流系数测定数据采集与分析

（1）采样点

由于自然降雨随机性大，且降雨分布在时间上很难统一，进行不同降雨强度下的研究难度增大。使用人工模拟降雨系统进行不同雨强（均匀雨强）研究，由于在屋顶进行人工模拟降雨难度大，所以人工模拟降雨没有在屋顶下垫面实施。采集情况如表 2.13 所示。

表 2.13 人工模拟降雨径流采集情况

降雨事件	广场	小区	马路	停车场	学校	人行道
人工降雨 I	—	—	—	—	—	—
人工降雨 II	—	—	—	—	—	—
人工降雨 III	—	—	—	—	—	—

注："—"表示 1 次采样。

（2）实验设计及样品采集

人工模拟降雨设置 3 种降雨强度：10 mm/h（A 雨强）、39 mm/h（B 雨强）、53 mm/h（C 雨强）（表 2.14），分别代表大雨、1 年一遇暴雨和 5 年一遇暴雨，以代表上海市主要降雨类型（吴晓丹，2012）。分别用 0.3 mm、1.0 mm 和 1.5 mm 孔径的喷头进行模拟降雨。10 mm/h 是人工模拟降雨装置所能达到的最小降雨强度。每个下垫面进行 3 种降雨强度试验，6 个下垫面共计 18 场人工模拟降雨。为达到稳定产流目的，每次模拟降雨实验持续 1 h 以上。

5 d 以上未降雨代表下垫面干旱，所以人工模拟降雨实验前期晴天数都在 7 d 以上，以排除下垫面湿润带来的干扰（刘兰岚，2007）。18 次实验全部在 2014 年

10 月内完成。降雨过程中，记录产流时刻，产流后第 5 min、10 min、20 min、30 min、40 min、50 min、60 min、90 min 累积径流量。在下垫面中心处放置颠倒式雨量计（邯郸市丛台锐达仪器设备有限公司）用于雨量记录，每 1 min 记录 1 次。

表 2.14　人工模拟降雨事件特征

降雨事件	日期	降雨量/mm	持续时间/min	平均雨强/（mm/h）
人工降雨 I	2014 年 10 月 7—29 日	9.66	60	9.66
人工降雨 II	2014 年 10 月 7—29 日	38.70	60	38.70
人工降雨 III	2014 年 10 月 7—29 日	55.40	60	55.40

（3）数据分析

降雨量（L）= $q_均$（mm/h）×降雨时间 T（h）×下垫面面积（m²）；产流量为径流收集桶实际测得的体积。采用式（2.20）进行降雨径流系数的计算。各下垫面在 3 种雨强下径流系数的差异性分析采用 SPSS17.0 进行方差分析。

$$\psi_c = \frac{\int_0^T Q(t)\mathrm{d}t}{10F\int_0^T I(t)\mathrm{d}t} \tag{2.20}$$

式中，ψ_c 为场（次）雨量径流系数；$Q(t)$ 为 t 时刻汇水区产流量，m³/s；$I(t)$ 为 t 时刻降雨强度，mm/s；F 为流域汇水面积，hm²；T 为场（次）降雨历时，s。

2.4.2.3　成都市中心城区降雨径流污染物测定数据采集与分析

2016 年采样 4 个降雨场次，2017 年采集 5 个降雨场次，共 9 次（表 2.15）。其中有效降雨（能够有效收集地表径流）场次 2016 年 3 次、2017 年 5 次，共 8 次。为有效安装径流收集器，且便于管理，本研究选择位于成都市的四川大学周边环境开展采样研究，具体地点见表 2.16。

表 2.15 降雨事件采样及降雨特征描述表

降雨事件	日期	降雨量/mm
1	2016 年 9 月 5 日	2.3
2	2016 年 9 月 8 日	1.6
3	2016 年 9 月 18 日	15.0
4	2016 年 9 月 22 日	6.4
5	2017 年 7 月 5 日	6.8
6	2017 年 8 月 7 日	11.4
7	2017 年 11 月 9 日	42.5
8	2017 年 11 月 15 日	22.5
9	2017 年 11 月 21 日	11.25

表 2.16 径流和降雨采样点位

样品类别	点位
径流	屋顶（四川大学纺工楼）
径流	四川大学水利学院门口
径流	四川大学西校门外
径流	锦绣路（紧靠科华北路）
降雨	四川大学科华北路大门开阔地带

2.4.3 种植农业面源污染采样及分析——涵盖种植季节且包括各迁移途径

2.4.3.1 降雨径流和地下水数据采集与分析

（1）研究地点

研究地点（图 2.5）位于中国崇明岛北部（30°92′N，103°62′E），岛内大部分为农业种植区，属于典型的冲积平原，地势比较平坦。研究区域与长江中下游平原类似，为亚热带季风气候，年平均降水量在 1 100 mm 左右，4—8 月降水量占全年降雨量的 59.7%，区域内河流纵横，地下水位较浅（大多在 1 m 以内）。实验区在一块有机种植农田（长 150 m，宽 60 m，面积 0.9 hm²）中间，用 PVC 板（高

60 cm）隔离成 A、B、C 3 块实验田（长 15 m，宽 10 m，面积 150 m²），目的是防止地表径流的相互串通。实验田四周深 20 cm 的浅沟（坡度 1%）用于排水，在每个实验田外安装一个径流收集箱（长 3 m，宽 2 m，高 1.1 m，体积 6.6 m³）用于降雨地表径流的收集，用 PVC 管将浅沟和径流收集箱连通。在每块实验田的中心位置打一口地下监测井（深 4 m，直径 30 cm）用于监测地下水位和水质变化。有机种植农田一侧的排水渠（长 150 m，宽 4 m，深 1.5 m，非水泥硬化）用于排出农田降雨径流，在排水渠上均匀设置 4 个点用于水质采样。排水渠的北侧有一个闸门（用于排水和引水调节）用于连通河道。

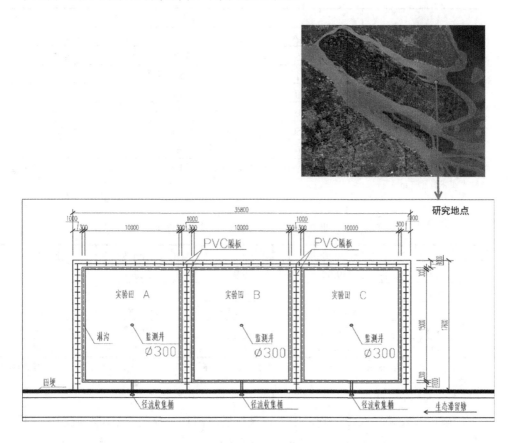

图 2.5 实验区的位置及场地设置（单位：mm）

（2）种植管理及样品采集

所有的种植管理均由农业种植公司统一进行。2013 年 4 月 3 日施用固体有机肥（均匀撒于土壤表层，然后犁耕埋入），大田施肥量与实验 B 区完全一样，所有施肥日期及施肥量如表 2.17 所示，土壤及粪肥的营养盐浓度如表 2.18 所示。4 月 12 日农田表面铺膜（既可防止杂草生长，又可防止土壤侵蚀），4 月 13 日种植茄子，后期施肥均为液肥，采取表面施肥方式。整个种植季节持续到 8 月 31 日。

表 2.17　施肥情况表

	施肥量		
	D-A	D-B	D-C
2013 年 4 月 3 日	175[1]	338[1]	475[1]
2013 年 4 月 29 日	381[2]	653[2]	980[2]
2013 年 6 月 24 日	200[2]	400[2]	600[2]
2013 年 7 月 20 日	500[2]	1 000[2]	1 500[2]
2013 年 8 月 7 日	1 350[2]	2 070[2]	2 700[2]
2013 年 8 月 15 日	700[2]	700[2]	700[2]

注：D-A、D-B、D-C 表示实验区 A、实验区 B 和实验区 C，上标 1 和 2 分别表示施用的"固体粪肥（kg）"和"液体粪肥（m³）"。

表 2.18　土壤及粪肥的营养盐含量

	TN/（mg/kg）	TP/（mg/kg）	DOC/（mg/kg）	水分含量/%
L-F	259.00	15.91	451.00	
S-F	15 314.57	3 944.18	9 754.00	36.97
S-A	5 424.72	1 256.19	153.38	21.35
S-B	5 547.03	1 245.59	150.76	20.98
S-C	5 614.78	1 265.34	150.34	22.04

注：L-F、S-F、S-A、S-B、S-C 分别代表液体粪肥、固体粪肥、实验区 A 土壤、实验区 B 土壤、实验区 C 土壤。

雨量计安装在农田一侧，用于记录每场降雨量。自制的雨水收集圆桶（面积 0.49 m²，高 1 m）放置在雨量计的旁边（距离 2 m）收集测试用的雨水，平时用盖子封好，天气预报有雨时打开。降雨径流量用收集箱（3 个，图 2.5）的体积来衡量（底面积×高度），径流的浓度为每次降雨事件的平均浓度，采样时先用搅拌器混匀，这样可以准确测定颗粒态的含量，采样后清理径流收集箱，为下次降雨做准备。地下水监测井（3 个，图 2.5）水位使用测量尺进行测量，雨前及雨后各测定 1 次。地下水的采集使用蠕动泵（流量为 60 L/h）先预抽 30 min 排出井管内的原水，然后再抽水采集样品。

实验降雨事件界定为中雨以上（即 12 h 降雨 5 mm 以上）。每次降雨事件后的12 h 内完成雨水、地下水和径流水样采集，4℃保存，并在 24 h 内测定完成。土壤采样在种植季节前（即 4 月 1 日）完成，每块实验田按"S"形采样法取 8 个点，采集表层 20 cm 土样，风干后混匀过 2 mm 筛保存在 4℃下待测。

（3）数据分析

不同时间降雨径流和地下水浓度变化为 A、B、C 实验田在 1 次降雨事件的平均值，不同时间降雨径流负荷变化为 A、B、C 实验田在 1 次降雨事件流失负荷的平均值。降雨径流营养盐流失负荷模型方程为 A、B、C 实验田各自营养盐流失负荷分布规律。

2.4.3.2　农田沟渠水质数据采集与分析

（1）样品采集

沟渠内水样（4 个，图 2.5）使用采水器采集表层 20 cm（沟渠水深一般在50 cm 以内，不能搅动底泥），河道水样（1 个，图 2.5）使用采水器采集表层 50 cm水样（河道水深一般在 200 cm 以内）。河道和沟渠内的水样只采集具有较大径流量并且河水浊度明显升高的暴雨事件（12 h 内降雨在 30 mm 以上）。每次降雨事件后的 12 h 内完成雨水、地下水、径流、沟渠和河道的水样采集。

（2）数据分析

降雨径流和地下水营养盐比例为 A、B、C 实验田在 9 场降雨的平均值。不同空间变化为 5 场降雨（5 月 17 日、6 月 1 日、6 月 8 日、6 月 27 日、7 月 7 日）的平均值，其中，雨水为 1 个测定点，径流为 3 个测定点，地下水为 3 个测定点，沟渠为 4 个测定点，河道为 1 个测定点。

2.4.3.3 硝酸盐迁移研究数据采集与分析

（1）研究地点和室内实验

研究场地如图 2.5 所示。农田四周淋沟（20 cm 深、1%坡度）用于收集降雨径流，3 个径流收集池用于径流收集。1 条排水渠（150 m × 4 m × 1.5 m）位于农田西侧，被分为 4 等分，分别种植浮萍、黑藻、茭白和空白对照。1 条小河（11 m 宽）位于农场西侧 500 m 处，1 条大河（20 m 宽）位于农场南侧 1 000 m 处。雨水收集点位于农田西侧。2 个底泥间隙水采样点分别位于茭白塘和对照塘。农田主要采用有机种植方式种植蔬菜。

室内实验生态系统由沉积物、上覆水和浮萍组成，置于塑料箱中。塑料箱放置在空调调节的实验室内，保持水温在 25°C，用白炽灯提供光照，使用人工模拟降雨收集农田径流加入塑料培养箱中用于模拟 NO_3^- 循环（表 2.19）。

表 2.19 室内实验生态系统介绍

系统	体积/L	沉积物来源	沉积物体积/L	上覆水来源	上覆水体积/L	浮萍重量/g	径流体积/L
1	40	引流沟渠	10	—	—	—	10
2	40	滞留塘	10	—	—	—	10
3	40	引流沟渠	10	引流沟渠	10	—	10
4	40	引流沟渠	10	引流沟渠	10	40	10
5	100	引流沟渠	25	—	—	—	25
6	100	引流沟渠	25	引流沟渠	25	—	25
7	100	滞留塘	25	—	—	—	25

注："—"表示没有添加。

（2）采样和监测

4—9 月在不同生态系统中进行采样：3 个农田降雨径流系统、3 个地下水系统、4 个沟渠系统、2 个沉积物间隙水、2 条河流、1 个雨水和 7 个室内试验系统。在降雨事件过程中采集样品，所有样品同时采集（除室内试验系统外）。

沉积物使用不锈钢取样器进行采集（长度 40 cm 和直径 5 cm）。沉积物样品按照 5 cm 进行分割（0～5 cm，5～10 cm，10～15 cm，15～20 cm，20～25 cm）。采样过程和天气情况列于表 2.20。黑暗中冷藏保存样品直至测定开始（2 d 内）。间隙水采用离心方法制取，在 4 000 r/min 情况下离心 20 min（500 g 沉积物）（Mehler et al.，2010），所有生态系统收集 2 个重复样本。

表 2.20　采样情况介绍

日期	天气	降雨	径流	地下水	沟渠	河流	间隙水	实验生态系统
4 月 22 日	N	—	—	3	2（UC，DW）	1（SR）	—	—
4 月 23 日	0 13.5 mm	1	3	3	2（UC，DW）	1（SR）	—	—
4 月 24 日	1	—	—	3	2（UC，DW）	1（SR）	—	—
4 月 26 日	3	—	—	3	2（UC，DW）	1（SR）	—	—
5 月 7 日	N	—	—	3	—	—	—	—
5 月 10 日	0 15.8 mm	1	—	3	—	—	—	—
5 月 11 日	1	—	—	3	—	—	—	—
5 月 13 日	3	—	—	3	—	—	—	—
5 月 16 日	N	—	—	3	4	1（SR）	—	—
5 月 17 日	0 30.6 mm	1	3	3	4	1（SR）	—	—
5 月 18 日	1	—	—	3	4	1（SR）	—	—
5 月 20 日	3	—	—	3	4	1（SR）	—	—
5 月 22 日	5	—	—	3	4	1（SR）	—	—
6 月 1 日	0 36.1 mm	1	3	3	4	1（SR）	—	—
6 月 2 日	1	—	—	3	4	1（SR）	—	—

日期	天气	降雨	径流	地下水	沟渠	河流	间隙水	实验生态系统
6月4日	3	—	—	3	4	1（SR）	—	—
6月6日	5			3			—	—
6月8日	0 90.5 mm	1	3	3	4	1（LR）	—	—
6月9日	1	—	—	3	4	1（LR）	—	—
6月11日	3	—	—	3	4	1（LR）	—	—
6月13日	5	—	—	3	4	1（LR）	—	—
6月26日	0 26.4 mm	1	3	3	4	1（LR）	—	—
6月27日	0 9.3 mm	1	3	3	4	1（LR）	—	—
6月28日	1	—	—	3	4	1（LR）	—	—
6月30日	3	—	—	3	4	1（LR）	—	—
7月2日	5	—	—	3	4	1（LR）	—	—
7月7日	0 59.3 mm	1	3	3	4	1（LR）	—	—
7月9日	1	—	—	3	4	1（LR）	—	—
7月12日	5	—	—	3	4	1（LR）	—	—
7月18日	N	—	—	3	4	1（LR）	—	—
7月21日	N	—	—	3	4	1（LR）	—	—
7月23日	N	—	—	3	4	1（LR）	—	—
7月25日	N	—	—	3	4	1（LR）	—	—
7月28日	N	—	—	3	4	1（LR）	—	—
7月30日	N	—	—	3	4	1（LR）	—	—
8月1日	N	—	—	3	4	1（LR）	—	—
8月2日	0 10.6 mm	—	—	3	4	1（LR）	—	—
8月6日	3	—	—	3	4	1（LR）	—	—
8月8日	5	—	—	3	—	1（LR）	—	—
8月13日	N	—	—	3	—	—	—	—

日期	天气	降雨	径流	地下水	沟渠	河流	间隙水	实验生态系统
8 月 15 日	0	—	—	—	—	—	—	4 (S)
8 月 16 日	1	—	—	—	—	—	—	4 (S)
8 月 18 日	3	—	—	3	—	—	—	4 (S)
8 月 20 日	5	—	—	—	—	—	—	4 (S)
8 月 26 日	0 45 mm	—	3	3	4	—	5	—
8 月 29 日	3	—	—	3	4	—	5	—
8 月 31 日	5	—	—	3	4	—	5	—
9 月 5 日	0	—	—	—	—	—	—	7
9 月 6 日	1	—	—	—	—	—	—	7
9 月 8 日	3	—	—	—	—	—	—	7
9 月 10 日	5	—	—	—	—	—	—	7
9 月 13 日	N	—	—	—	—	—	10	—
9 月 15 日	0	—	—	—	—	—	10	—
9 月 18 日	3	—	—	—	—	—	10	—
9 月 20 日	5	—	—	—	—	—	10	—
9 月 22 日	7	—	—	—	—	—	10	—

注：在天气列中，用 mm 表示降雨量；0、1、3、5、7 表示降雨后不同时间（天数）；N 表示晴天。在其他列中，数字表示采样次数；"—"表示没有采样；UC 表示空白对照；DW 表示浮萍塘；SR 表示小河；LR 表示大河；S 表示内实验系统。

2.4.3.4　种植农业面源污染控制数据采集与分析

将一块有机种植农田旁的沟渠（长 140 m，宽 4 m）两端堵塞，清淤，中间用隔板平均隔离为 4 部分，分别构建浮萍滞留塘（图 2.6）、茭白滞留塘（图 2.7）、黑藻滞留塘（图 2.8）和空白对照滞留塘（图 2.9），以分别验证对农田降雨径流的净化效果。

滞留塘净化实验主要针对较大雨量降雨事件（12 h 降雨 25 mm 以上），以确保大量径流的产生，本研究共进行了 5 个场次降雨事件实验。每场次降雨事件在雨后、雨后 1 d、雨后 3 d 和雨后 5 d 分别对滞留塘进行水样采集，以分析不同时间径流污染物的净化效果，主要针对 COD、TN、TP 3 个指标。

图 2.6　浮萍滞留塘

图 2.7　茭白滞留塘

图 2.8　黑藻滞留塘

图 2.9　空白对照滞留塘

2.5　面源污染研究实验测试方法汇总

2.5.1　使用仪器

实验所用仪器如表 2.21 所示。

表 2.21　实验仪器介绍

序号	名称	型号	生产厂家
1	水质多参数仪	Multi3430i	德国 WTW 公司
2	紫外可见分光光度计	752S	上海棱光技术有限公司
3	雨量计	JL-21	邯郸市台锐达仪器设备有限公司
4	总有机碳分析仪	TOC-Vcph	日本岛津公司
5	激光粒度仪	MS3000	英国马尔文仪器有限公司
6	电感耦合等离子体发射光谱仪（ICP）	Agilent 720ES	美国安捷伦科技公司

2.5.2　沉积物样品测试——主要涉及沉积颗粒物物理分级和 C、N、P 及重金属指标

（1）预处理

将用吸尘器采集的沉积物样品风干，用 1 000 μm 筛网去除树叶、烟头、石子等杂物，然后称重、封装待测。

（2）颗粒物分级

重量分筛采用标准尼龙筛（上海宜昌仪器纱筛厂）进行，尺寸采用＜62 μm、62～150 μm、150～250 μm、250～450 μm、＞450 μm，分别代表黏土、非常细砂、细砂、中等细砂、粗砂 5 种分级，使用精确度为 0.1 mg 的分析天平进行称重（Zhao et al.，2013）。

（3）粒径测定

预处理后的沉积物样品粒径测定采用激光粒度仪（MS3000）。

（4）常规指标

1）TN 和 TP 含量采用半微量开氏法和硫酸-高氯酸消煮法进行测定（Adachi et al.，2005）。

2）TOC（总有机碳）含量采用 TOC-Vcph 仪（Shimadzu，Kyoto）测定。

（5）重金属指标

重金属含量采用以下方法进行预处理，然后用 ICP 进行测定，所用 HNO_3 需

使用优级纯，所用水为超纯水。

1）称取 0.5 g 样品于聚四氟乙烯烧杯中。

2）加入 10 mL HNO_3 将聚四氟乙烯烧杯放到通风橱的电热板上蒸干，在此期间经常轻微晃动烧杯，使沉积物颗粒与酸进行充分混合以加快消解速度。

3）向烧杯中依次加入 15 mL HNO_3、3 mL $HClO_4$ 和 10 mL HF，轻微晃动直到蒸干。

4）若消解不完全，则重复步骤 3），直至沉积物变成白色块状，再加入 1 mL $HClO_4$ 蒸至冒白烟。

5）用 2%的 HNO_3 溶洗残渣至 50 mL 容量瓶中定容，所得溶液转移到聚乙烯瓶中，4℃保存，1 周内完成测定。

2.5.3　径流样品测试——主要涉及径流颗粒粒径分级和水质 C、N、P、重金属指标

（1）预处理

径流样品采集 2 份，一份用于测定 pH、电导率、颗粒物粒径和 SS，另一份避光 4℃保存。除测定溶解性有机碳（DOC）的样品加优级纯盐酸（HCl）使 pH 保持在 2 以下，其余样品加优级纯浓硫酸（H_2SO_4）使 pH 保持在 2 以下，NH_4^+ 样品需在 1 d 内测完，其余样品需在 3 d 内测完。

指标的溶解态是指经 0.45 μm 过滤膜的水样，本实验使用 Millipore 水性膜进行过滤处理。

（2）粒径测定

径流样品粒径测定采用激光粒度仪（MS3000）。

（3）常规指标测定

径流常规指标的测试方法如表 2.22 所示。

表 2.22 常规水质指标分析方法（仪器）

序号	水质指标	分析方法（仪器）
1	COD、TDCOD（溶解态 COD）	重铬酸钾法
2	DOC	总有机碳分析仪
3	SS	称量法
4	NH_4^+	纳氏试剂分光光度法
5	NO_2^-	（1-萘基）-乙二胺光度法
6	NO_3^-	酚二磺酸光度法
7	PO_4^{3-}	钼锑抗分光光度法
8	TN（总氮）、TDN（总溶解性氮）	过硫酸钾紫外分光光度法
9	TP（总磷）、TDP（总溶解性磷）	钼酸铵分光光度法
10	pH	多参数水质分析仪
11	EC（电导率）	多参数水质分析仪

（4）重金属指标

本书所测定的重金属主要是指分子量大于等于 Cu（64）的一些金属元素，具体包括：Cu、Zn、Mn、Pb、Ni、As、Se、Cd、Cr 等 9 种元素。

1）溶解态重金属：水样经 0.2 μm 水性膜（Millipore）过滤后为溶解态，如液体 DOC 质量浓度不超过 5 mg/L，则可以直接用优级纯浓硝酸（HNO_3）将样品 pH 保持在 2 以下后直接测定。如果 DOC 质量浓度超过 5 mg/L，则样品需要消解后测定。

2）水样消解：采用电热板消解法进行水样消解。量取 100 mL 样品于 250 mL 聚四氟乙烯烧杯中，加入 2 mL 硝酸溶液（1∶1）和 1 mL 盐酸溶液（1∶1）于烧杯中，置于电热板加热消解，加热温度不得高于 85℃，保持溶液不沸腾，直至样品蒸发至 20 mL 左右，消解需在通风橱内进行。待样品冷却后，定容到 50 mL 待测，若消解液中存在一些不溶物，用 0.2 μm 水性膜（Millipore）过滤。

3）样品测定：样品预处理后用 ICP 进行测定，在 1 周内完成。

3 上海市城市面源污染特征研究

本章以上海市中心城区为例，开展降雨径流污染物来源、累积、冲刷和输出特征研究，以期反映沿海特大城市面源污染特征。

3.1 物理、化学性质测定分析

颗粒物浓度及物理性质是降雨径流污染物评估和后续处理的重要参数，因它们对污染物的传输迁移发挥着重要作用，也与相关污染物（COD_{Cr}、重金属和磷）浓度变化保持较好的相关性（Sansalone et al.，2005）。常静在 2007 年对上海市的研究发现颗粒物（SS）浓度在降雨过程中呈指数衰减趋势（常静，2007）。田少白在 2013 年研究邯郸市发现，马路径流 SS 浓度范围在 280～650 mg/L，他认为雨前晴天数越大、SS 初始浓度越高，10 min 即可达到峰值，而随着降雨历时延长，地面积累污染物会逐渐被冲刷掉，所以 SS 浓度逐渐降低，基本稳定在 80～220 mg/L。一般来说，细颗粒在整个降雨过程中保持稳定，而粗颗粒沉降速度较快（田少白，2013）。马英在 2012 年对广州市研究发现，降雨径流细颗粒（<40 μm）含量在高速路大于城区和郊区，达到 68%；而大颗粒（>100 μm）在郊区和市区较多，高速路则较少；雨前 30 min 细颗粒（5～40 μm）百分比先迅速上升，城区、郊区和高速路分别由初始的 48%、24% 和 40% 上升至最高的 73%、57% 和 79%，然后下降稳定到 50%、36% 和 59%；粒径 40～100 μm 的变化趋势与 5～40 μm 一致，而 100 μm 以上变化幅度较小（马英，2012）。降雨径流颗粒物浓度是径流污染描述的重要指标，而颗粒物粒径是污染物特征的重要指标，然而上海中心城区各下垫面降雨径流颗粒物的研究在近年来并不多，特别是在降雨过程中的动态分布状况。所以，本书对上海市主城区各下垫面颗粒物浓度及粒径分布进行系统研究。

美国国家环保局（USEPA）对城市降雨径流进行了全面监测，发现 COD_{Cr} 中值浓度为 65 mg/L，90%样品值达到了 450 mg/L；TP 中值浓度为 0.33 mg/L，90%样品值达到了 0.7 mg/L（USEPA，1983）。蒋海燕等在 2002 年研究发现上海市不同功能区降雨径流 NH_4^+、NO_3^- 均值分别为 3.14 mg/L 和 1.33 mg/L（蒋海燕等，2002）。从空间分布看，市区含量高于郊区；工业区和交通要道高于居住区和商业区。常静在 2007 年报道上海降雨径流 TP 浓度为 0.03～1.01 mg/L（常静，2007），而珠海降雨径流 TP 浓度为 0.41～0.83 mg/L（卓慕宁等，2003）。上海交通和商业区 TP 污染远高于工业区和居民区（常静等，2006）。周栋也发现类似规律（周栋，2013），即 TP 污染由重到轻为：交通干道＞小区路面＞停车场＞屋顶。TOC 是指水体中有机物含碳总量，目前很多观点认为其比 COD_{Cr} 或 BOD_5 更能表征有机物的总量，可以作为评价水体有机物污染程度的重要依据。张晶晶在 2011 年研究发现上海和温州城市降雨径流中 TOC 最大值为 315.64 mg/L，最小值为 3.29 mg/L，平均值为 31.81 mg/L（张晶晶，2011）。

降雨径流中氮、磷及 COD_{Cr} 的研究在国内外都很多，但是大多数研究的降雨场次较少，所涉及下垫面也不齐全，特别是 TOC 和 DOC 很少见报道。所以本书对上海市主城区主要下垫面降雨径流碳、氮、磷和 COD_{Cr} 进行了全面监测，更利于水质指标的综合评价和后续工艺处理。

上海位于城市化发展迅猛的东部沿海地区，快速城市化建设产生的大量重金属污染释放到生物圈（Deletic et al.，2005）。王和意等在 2003 年研究认为上海市降雨径流中所携带的重金属随着降雨过程的延续基本呈指数衰减规律，大多数金属具有初期冲刷效应（王和意等，2003）。Kayhanian 等研究发现加州马路径流中 As、Cd、Cr、Pb 等重金属浓度显著高于非城市地区，而含 Pb 汽油禁止后马路径流中 Pb 含量明显减少（Kayhanian et al.，2007）。Gromaire 等研究发现，法国巴黎屋面径流重金属污染大于街道和庭院（Gromaire et al., 1999; Gromaire et al., 2001）。常静在 2007 年研究发现上海市降雨径流总态 Zn 浓度为 0～4 mg/L, 最大达到 10 mg/L; 溶解态 Zn 浓度为 0～0.3 mg/L, 最大达到 0.8 mg/L; 总态 Pb 浓度为 0～0.1 mg/L, 最大达到 0.4 mg/L; 溶解态 Pb 浓度为 0～4 μg/L, 最大达到 6 μg/L; 总态 Cu 浓度为 0～0.2 mg/L, 最大达到 0.6 mg/L; 溶解态 Cu 浓度为 0～0.05 mg/L, 最大达到 0.2 mg/L; 总态 Cr 浓度为 0.05～0.3 mg/L, 最大达到 0.6 mg/L; 溶解态 Cr 浓度为 0.01～0.04 mg/L, 最大达到 0.07 mg/L; 总态 Ni 浓度为 0～0.6 mg/L, 最大达到 0.8 mg/L; 溶解态 Ni 在 0.01～0.1 mg/L, 最大达到 0.2 mg/L; 总态 Cd 浓度为 1～8 μg/L, 最大达到 18 μg/L; 溶解态 Cd 浓度为 0.1～0.8 μg/L; 监测数据表明, 重金属溶解态占总态的比例较小, 但作者没有依据地表水质标准对降雨径流进行分类及分析（常静, 2007）。张晶晶在 2011 年研究发现, 溶解态 Cr 在马路、停车场、小区路面平均浓度在 2 μg/L 左右, 最高达 20 μg/L, 且上海和温州地区没有显著差异; 不同重金属随时间变化特征不一致, 如 Cu、Fe、Mn 和 Zn 较易被径流冲刷, 产流初期浓度较大; 不同雨强冲刷情况也不一样, 较大雨强时溶解态重金属浓度会被稀释, 但小雨强时, 部分重金属的最大浓度不是出现在产流最初时刻, 而是随着产流过程不断上升（张晶晶, 2011）; 多数溶解态重金属浓度符合时间指数衰减趋势（尹澄清, 2009）。以上数据发现, 除溶解态 Zn 浓度在屋面较高以外, 其他重金属在马路的浓度较高、小区稍低, 且不同金属在地区间的差异不大, 但没有对重金属总态分布做具体说明。

综上所述, 城市降雨径流重金属总态和溶解态的研究较多, 但大多涉及 2～3 个下垫面, 没有全面包括城市各下垫面; 且没有对监测水质指标进行安全性分析, 而上海市中心城区更缺乏这样的研究报道。所以, 本书系统研究上海市中心城区主要非渗透下垫面各类重金属的浓度范围、浓度变化情况以及相应水质评估。

3.1.1 浓度分布与水质评估——上海市降雨径流首要污染物是 COD_Cr 和TN，浓度远超地表Ⅴ类水质标准，马路下垫面污染物浓度总体较高

7 个非渗透下垫面常规各指标（SS、TCOD、TN、TP、pH、EC、*D*）在 10 场次降雨总态浓度展示于图 3.1。降雨径流 pH 在 10 场降雨中的浓度范围基本在 6.5～8.5，平均值和中值较为接近，基本在 7.0～8.0（图 3.1）。表明上海市广场、马路、小区、停车场、屋顶、学校、人行道 7 个下垫面径流基本呈中性。和常静、张晶晶、鲁雄飞的研究结果基本一致（常静，2007；张晶晶，2011；鲁雄飞，2013）。降雨径流呈中性的主要原因可能是雨水与碱性下垫面接触后被中和而导致（常静，2007）。

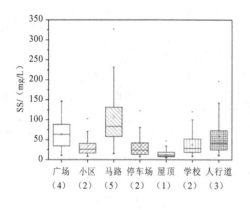

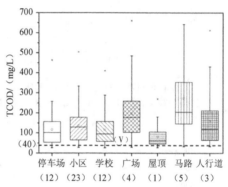

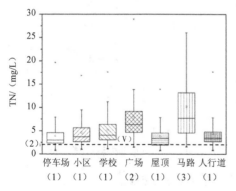

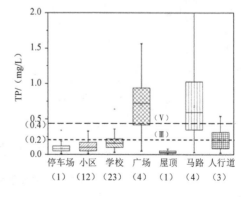

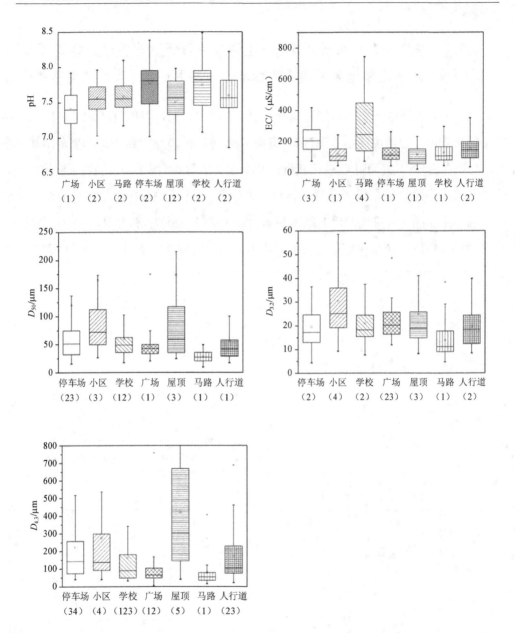

注："（ ）"内不同数字表示具有显著性差异，$p \leqslant 0.05$。图中虚线表示各水质标准。

图 3.1 常规各指标总量浓度分布范围

降雨径流 EC 值在 10 场降雨的浓度范围基本在 50～800 μS/cm，平均值为 100～200 μS/cm，各下垫面中，马路和广场径流较高，屋顶径流最低，而其余下垫面基本接近。屋顶径流 EC 值与潘华和张千千的研究结果近似（潘华，2005；张千千等，2015），而其他各下垫面径流 EC 值与胡梦娇的研究结果接近（胡梦娇等，2012）。因为 EC 值能够反映水体离子浓度高低，在同样雨水冲刷下，马路和广场径流 EC 值较高，推测该下垫面受到污染程度更为严重（高樱红，2002；马琳，2011）。

降雨径流 SS 在 10 场降雨浓度范围基本为 10～250 mg/L，平均值为 10～75 mg/L。各下垫面中，马路＞广场＞人行道，这 3 个下垫面浓度稍高，屋顶最低，而小区、停车场和学校基本接近。降雨径流 SS 浓度明显低于上海市 2007 年（常静，2007）。和东莞市 2012 年的研究结果进行对比，发现上海市清扫水平在近年来得到加强（马英，2012）。降雨径流颗粒物粒径 D_{50} 范围为 20～200 μm、平均值为 25～75 μm；$D_{3.2}$ 范围为 5～60 μm、平均值为 10～25 μm；$D_{4.3}$ 范围为 50～700 μm，平均值为 100～300 μm，3 个参数和其他研究结果基本接近（魏玫，2011）。降雨径流颗粒物粒径基本在淤泥级（2～75 μm），说明细颗粒在降雨过程中容易迁移。同时，马路降雨径流颗粒物粒径显著小于其他下垫面，主要是由于交通碾压和扰动致使下垫面可迁移的颗粒物粒径较小，马英也发现了类似规律（马英，2012）。

TCOD 和 TN 基本都超过了地表水 V 类水质标准，TP 基本在地表水 III 类水以内，仅马路和广场 TP 平均值超过了地表水 V 类水质标准，表明地表径流 TCOD 和 TN 污染程度高于 TP，这 2 个下垫面 3 个指标也显著高于其他下垫面。本书 TCOD、TN 和 TP 3 个参数研究结果和国内一些城市基本相当（田少白，2013；马英，2012），显著高于美国一些大中城市监测结果（USEPA，1983）。同样，TDCOD、TDN、TDP 和 DOC 变化趋势和总量基本一致，马路和广场显著高于其他下垫面（图 3.2）。

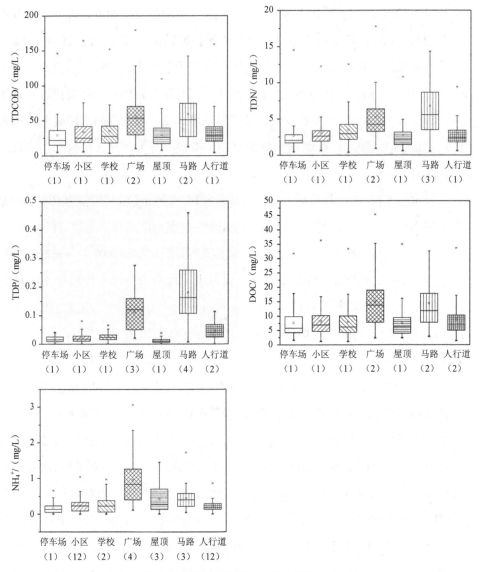

注："（ ）"内不同数字表示具有显著性差异，$p \leqslant 0.05$。

图 3.2　常规各指标溶解态浓度分布范围

降雨径流各重金属指标基本都在地表水Ⅲ类水质标准以内（图 3.3），平均浓度基本低于常静在 2007 年和张晶晶在 2011 年对上海市的研究结果，各重金属指标在各下垫面浓度高低表现不尽一致，但是大多数指标在马路和广场高于其他下垫面（常静，2007；张晶晶，2011）。溶解态各重金属指标浓度更低，其变化趋势基本和总量一致（图 3.4）。

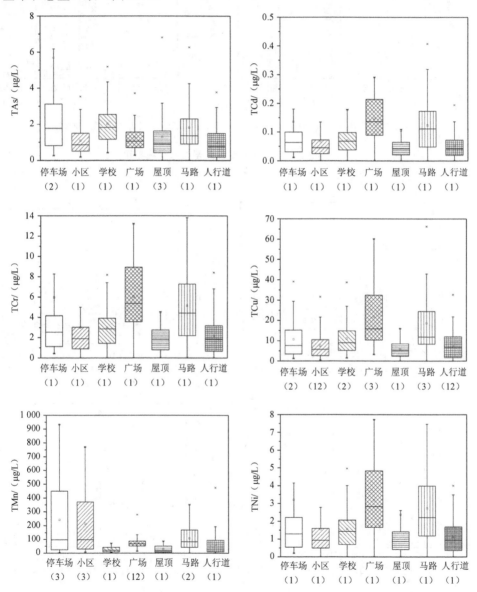

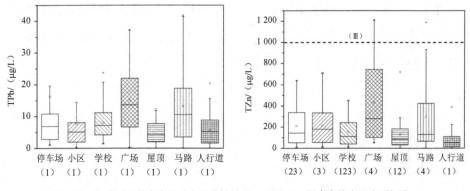

注："（　）"内不同数字表示具有显著性差异，$p \leqslant 0.05$。图中虚线表示水质标准。

图3.3　重金属各指标总量浓度分布范围

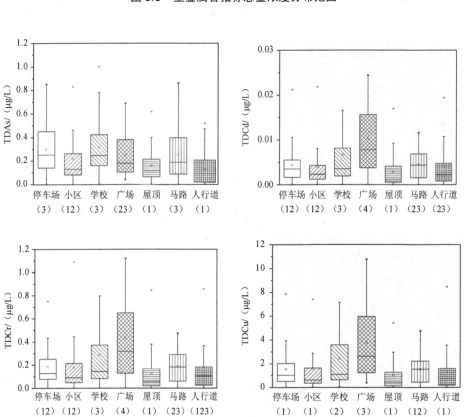

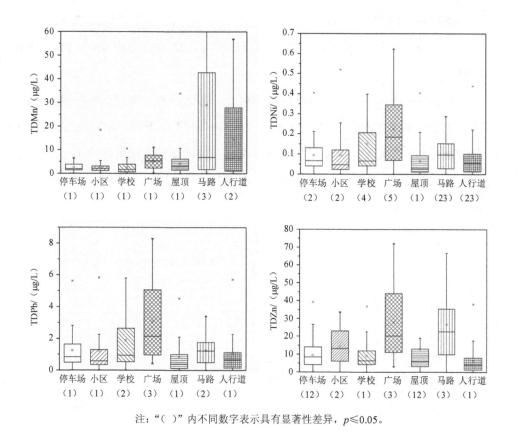

注："（ ）"内不同数字表示具有显著性差异，$p \leqslant 0.05$。

图 3.4　重金属各指标溶解态浓度分布范围

3.1.2　固液分配比例分析——上海市降雨径流污染物主要以颗粒态为主（＞70%）

图 3.5、图 3.6 分别展示了 10 场降雨常规指标、7 场降雨重金属指标在 7 个下垫面溶解态占总态比例的分布情况。TDCOD 占总态比例的平均值为 20%～40%，除屋顶比例接近 50%外，其余各下垫面比例接近；TDP 占总态比例的平均值为 15%～30%。TDN 占总态比例较高，平均值为 60%～75%。各下垫面除屋顶较高外，其余固液分配比例变化不大。降雨径流 COD 和 TP 主要是以颗粒

态形态存在，溶解态所占比例较低，与其他研究结果类似（马英，2012；周栋，2013）。由于含氮化合物溶解性较强，所以降雨径流 TN 以溶解态为主（Taylor et al.，2005）。

如图 3.6 所示，各重金属指标溶解态占总态比例的平均值基本在 30%以内，和 2007 年上海研究结果基本一致（常静，2007），但显著低于国外 Michigan、California 和 Cincinnati 等城市，可能是国内各下垫面较高的颗粒态浓度导致了溶解态比例的下降（Highway Stormwater Runoff Study，1998；Lau et al.，2005；Hewitt et al.，1992；Sansalone et al.，1996）。

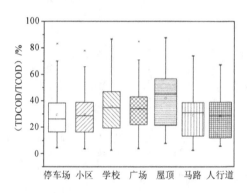
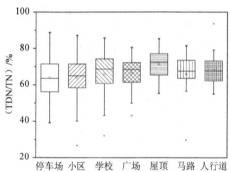
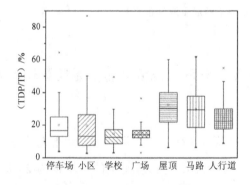

图 3.5 常规各指标溶解态占总态比例分布范围

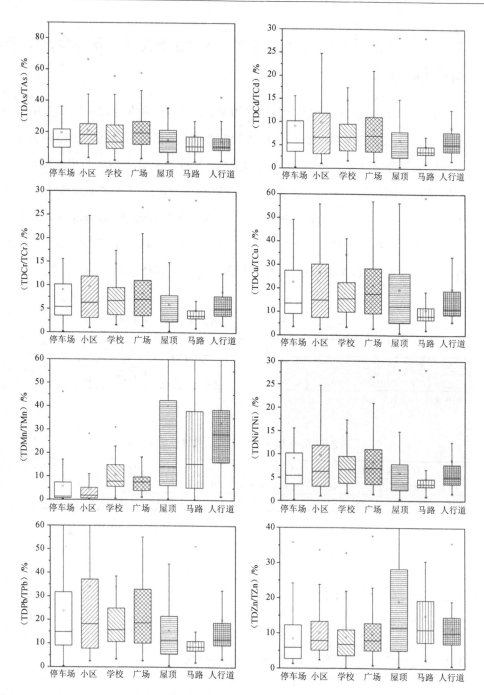

图 3.6 重金属各指标溶解态占总态比例分布范围

3.1.3 相关性分析——上海市降雨径流污染物总量与 SS、CODcr 指标相关性较好

表 3.1 和表 3.2 分别列出各污染物指标总态之间、溶解态之间的相关度。SS、COD 与 TN、TP 总量浓度都具有较高的相关性，虽然和重金属各指标相关性低一些，但大多数都具有显著相关水平。显然，COD 与总量各指标的相关性高于 SS，特别是重金属指标。DOC、TDCOD 与溶解态各指标浓度基本都保持了较好的相关性，与 Charlesworth、魏孜和周栋研究结果近似（Charlesworth et al.，2001；魏孜，2011；周栋，2013）。可能是因为各污染物指标都与有机质浓度具有较大相关性，所以 COD（TDCOD）和 DOC 也与各测定指标保持了较好的相关性。

表 3.1　各指标（总量）相关性分析（*n*=414）

	COD	TN	TP	As	Cd	Cr	Cu	Mn	Ni	Pb	Zn
SS	0.72^{**}	0.6^{**}	0.57^{**}	0.37^{*}	0.28	0.29^{*}	0.47^{**}	0.29^{*}	0.39^{*}	0.41^{*}	0.4^{**}
COD	—	0.65^{**}	0.67^{**}	0.59^{**}	0.46^{**}	0.56^{**}	0.67^{**}	0.49^{**}	0.47^{**}	0.57^{**}	0.62^{**}

"**" 表示显著水平≤0.01；"*" 表示显著水平≤0.05。

表 3.2　各指标（溶解态）相关性分析（*n*=414）

	TDCOD	TDN	TDP	TDAs	TDCd	TDCr	TDCu	TDMn	TDN$_i$	TDPb	TDZn
DOC	0.78^{**}	0.71^{**}	0.48^{**}	0.40^{**}	0.40^{**}	0.43^{**}	0.49^{**}	0.44^{**}	0.44^{**}	0.51^{**}	0.39^{**}
TDCOD	—	0.78^{**}	0.61^{**}	0.36^{**}	0.35^{**}	0.37^{**}	0.48^{**}	0.49^{**}	0.39^{**}	0.47^{**}	0.46^{**}

"**" 表示显著水平≤0.01；"*" 表示显著水平≤0.05。

3.2　来源分析研究

3.2.1　沉积物的物理、化学性质测定分析

道路沉积颗粒物组成与每日交通量、风速和风向相关（Kobriger et al.，1984）。

Kobriger 等在美国北卡罗来州农村道路采样点的研究表明，大气沉积占道路表面沉积物负荷的 8%，而机动车沉积物和道路维护分别占 25%和 67%（Kobriger et al.，1984）。王小梅 2011 年对北京城区研究发现，中心城区道路沉积物粒径主要以细粒径为主，大部分小于 105 μm，乡镇、村庄多以粗粒径为主，大部分大于 105 μm；居民区各个地方的粒径差别不大，所以在乡村应该改善道路清扫方式、提高沉积物的清除效率（王小梅，2011）。常静在 2007 年对上海市中心城区的研究发现，不同区域沉积颗粒物粒径小于 75 μm 的比例较大，在 30%以上。随着降雨时间的推移，细颗粒物质受交通和风力扰动影响，可能通过再悬浮进入大气，导致地表沉积物中细颗粒级比例逐渐降低，中值粒径加大；小于 75 μm 的颗粒物，在交通区从 4 月 11 日的 49.8%降低到 4 月 29 日的 35.9%，而在校园则由 67.9%降低到 36.3%（常静，2007）。

在城市道路下垫面，来源于大气沉积颗粒物的重金属污染随着与道路距离的增大而减小，表明道路是与大气沉积相关的重金属污染的主要来源（Harned，1988），机动车辆是污染物排放的重要来源（Ellis et al.，1987）。重金属在非渗透下垫面沉积物的累积中，不同区域差异性很大，如在 Paode 的研究中，美国芝加哥市城区重金属的沉积量 Pb、Cu、Zn 分别为 0.07 mg/（$m^2 \cdot d$）、0.06 mg/（$m^2 \cdot d$）和 0.20 mg/（$m^2 \cdot d$），而美国南黑文市农村区域的沉积量为 0.004 mg/（$m^2 \cdot d$）、0.007 mg/（$m^2 \cdot d$）、0.004 mg/（$m^2 \cdot d$），即城区含量远高于农村地区（Paode et al.，1998）。对韩国一城市非渗透下垫面沉积物中重金属含量进行研究发现，由于较高风速和大量交通贡献，白天重金属通量高于晚上，同时，地球中典型金属 Al 和 Ca 是其他人为影响带来的重金属 Mn、As、Cd、Cu、Ni、Pb 和 Zn 通量的 1～2 个数量级倍数（Yun et al.，2002）。

污染物主要吸附在沉积颗粒物的表面，粒径大小决定颗粒物的表面积，在一定程度上影响污染物的携带能力。对英国伦敦西北区域道路沉积物中的重金属进行调查发现，高峰时段 100～500 μm 粗颗粒沉积物中 Cd 和 Pb 的浓度达到最高（Ellis et al.，1982）。对辛辛那提市道路沉积物进行分析后发现，细颗粒物中 Zn、

Cd、Pb 和 Cu 的浓度更高，但是总量相对于粗颗粒来说还是偏少（Sansalone et al.，1999）。常静在 2007 年对上海市中心城区沉积物研究发现，交通区 Pb 含量最为突出，150 μm 和 75 μm 两个粒径级别占到了总量的 91.1%；而不同重金属间也存在差异，Cr、Cd、Zn 两个粒径级之和占总量的比例分别为 65.7%、57.3%、60%（常静，2007）。王小梅 2011 年在北京的研究发现，各粒径重金属污染负荷贡献率与街尘粒径分布的质量比有着相似的趋势，但细颗粒污染物的贡献率大于质量比，粗粒径则相反。如中心城区 62～105 μm 粒径段质量比为 38.2%，贡献率为 39.1%；250～450 μm 粒径段质量比为 13.1%，贡献率为 9.4%，说明细颗粒街尘携带污染物能力强于粗颗粒（王小梅，2011）。

近年来，关于上海市中心城区沉积物的重量分布、粒径组成和污染物含量的系统报道较少，所以本书通过对不同下垫面的大量采样研究沉积物的物理化学性质，为降雨径流污染物的来源提供依据。

3.2.1.1　沉积物粒径分布——上海市各下垫面沉积物中值粒径基本＞100 μm，大部分下垫面（马路除外）沉积物随粒径增加其重量组成百分比逐渐下降

图 3.7 列出了 6 个非渗透下垫面 14 次采样沉积物颗粒 D_{50} 和 D_{90} 的分布情况。从图 3.7 可以看出，非渗透下垫面沉积物 50%以上的颗粒物粒径在 100 μm 以上，90%颗粒物粒径上限在 400～700 μm。颗粒物粒径变化范围和 Kobriger 等在北卡罗来州及常静在上海的研究范围大致相当（Kobriger et al.，1984；常静，2007），Pitt 等对多个地区研究的 D_{50} 也都在 150 μm 以上（Pitt et al.，1995）。地表沉积物 80%以上来源于机动车和道路磨损（Kobriger et al.，1984），而车辆行驶对马路沉积物扰动较大，大部分细颗粒通过再悬浮方式转移到其他区域而导致沉积物粒径变粗（常静，2007），所以马路沉积物粒径显著大于其他土地使用类型。

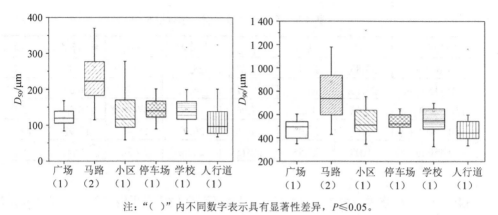

注："（ ）"内不同数字表示具有显著性差异，$P \leqslant 0.05$。

图 3.7　沉积物粒径分布图

图 3.8 和表 3.3 为 6 个非渗透下垫面 14 次采样的混合沉积物样品在不同粒径范围内的重量比例。从图 3.8 和表 3.3 可以看出，在 5 个粒径分级重量比例中，小于 62 μm（黏土级）的沉积物所占比例较大，绝大部分下垫面在 30% 左右，随着粒径增大，重量比例逐渐下降，表明各土地使用类型中黏土占有比例较大，而小粒径颗粒物的转移性也较强。常静在上海的研究也发现，小于 75 μm 的颗粒物占沉积物总量的 30% 左右（常静，2007）。和沉积物中值粒径 D_{50} 的分布结果一样，马路下垫面重量比例随着粒径的增加而增大。

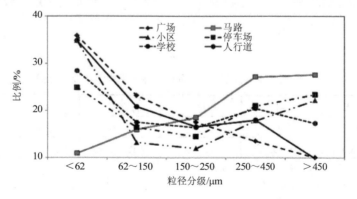

图 3.8　不同粒径级别沉积物重量比例分布趋势

表 3.3 不同粒径级别沉积物重量比例 单位：%

粒径分级	广场	马路	小区	停车场	学校	人行道	平均值
<62 μm	35.83	10.92	34.83	24.83	28.4	34.82	28.27
62～150 μm	23.15	15.93	13.22	16.42	17.52	20.82	17.84
150～250 μm	17.48	18.5	11.96	14.46	16.39	16.55	15.89
250～450 μm	13.51	27.08	17.85	20.97	20.41	17.97	19.63
>450 μm	10.03	27.56	22.15	23.33	17.28	9.84	18.37

3.2.1.2 沉积物重量分布——上海市各下垫面沉积物重量平均值为 4.9～8.2 g/m², 与国外同类城市基本相当

表 3.4 列出了 6 个非渗透下垫面 14 次采集样品的重量分布。从表 3.4 可以看出，各下垫面沉积物重量分布变化范围较大，而平均值基本在 4.9～8.25 g/m²。下垫面沉积物重量分布可以反映出城市大气颗粒物浓度和清扫水平，从区域比较来看，本书研究结果显著低于成都 1991 年和长沙 2003 年沉积物重量（施为光，1991；郭琳等，2003），和 Herngren 等在 2006 年、Bris 等在 1999 年、Ball 等在 1998 年研究水平相当，说明上海城市综合管理水平较好（Herngren et al.，2006；Bris et al.，1999；Ball et al.，1998）。从时间跨度来看，本研究也低于上海市 2007 年的研究水平，说明上海市的城市综合管理水平逐年加强（常静，2007）。在各下垫面之间的比较中，人行道沉积物重量分布较多，停车场和广场较少，主要跟各下垫面清扫水平有关。

表 3.4 不同下垫面沉积物重量平均值和变化范围 单位：g/m²

广场 [a]	马路 [ab]	小区 [bc]	停车场 [a]	学校 [ab]	人行道 [c]
4.97	5.43	7.27	4.90	5.88	8.25
1.48～8.45	0.9～9.72	1.49～13.94	2.12～6.90	1.61～10.08	2.67～13.15

注：不同上标字母表示差异显著，$P \leqslant 0.05$。

3.2.1.3 沉积物污染含量分布——上海市各下垫面沉积物 TN，重金属（Cd，Cu，Pb，Zn 等）浓度显著高于土壤背景值，粒级效应明显，与国内外其他城市水平相当

表 3.5 和表 3.6 列出 6 个非渗透下垫面 14 次样品的污染物含量。从表 3.5 可以看出，除广场较高以外，各下垫面 TP 含量基本接近，TOC 变化趋势和 TP 一样，而 TN 在各下垫面之间没有显著性差异。将各指标含量与上海市土壤背景值相比较可以反映其受外界干扰程度，可以看出，沉积物 TP 含量稍低于土壤背景值，说明 TP 不是上海市沉积物污染的指标。TOC 值接近于土壤背景值的上限，而 TN 值基本是土壤背景值的 10 倍左右，可能与上海市园林绿化施肥等外源输入有关。

表 3.5 不同下垫面沉积物常规指标平均值及变化范围   单位：mg/g

	TOC （5～66.8）[*]	TP [1.33～1.81][**]	TN （0.4～3.5）[*]
广场	69.63 [c]	1.31 [b]	22.25 [a]
	39.1～83.3	0.43～1.91	5.33～35.31
马路	34.46 [a]	0.57 [a]	20.89 [a]
	11.3～73.5	0.27～0.92	5.31～30.99
小区	48.27 [a]	0.61 [a]	24.22 [a]
	15.4～75.5	0.23～1.06	16.8～32.8
停车场	53.23 [b]	0.52 [a]	22.22 [a]
	13.6～93.3	0.15～1.54	15.21～28.35
学校	42.61 [ab]	0.49 [a]	21.77 [a]
	22.3～71.5	0.27～0.90	15.0～31.9
人行道	53.64 [b]	0.62 [a]	23.62 [a]
	27.3～75.3	0.11～0.84	17.5～30.4

注：各列平均值上标不同字母表示差异显著，$P \leqslant 0.05$。"（ ）[*]，[ ][**]"代表上海市土壤该指标的本底含量变化范围。

表 3.6　不同下垫面沉积物重金属指标平均值及变化范围　　　　单位：μg/g

	As (7.57)[*]	Cd (0.17)[*]	Cr (51.38)[*]	Cu (27.12)[*]	Pb (22.51)[*]	Zn (88.06)[*]	Mn [555.5][**]	Ni (31.30)[*]
广场	10.24[a]	1.58[b]	65.73[ab]	269.71[b]	207.21[b]	476.00[b]	325.13[b]	46.77[b]
	0.89~23.0	0.27~3.01	16.5~162	37.2~358	37.9~395	77~933	75~789	9.6~174
马路	8.87[ab]	0.86[a]	74.83[b]	120.91[a]	65.24[a]	274.30[a]	289.12[ab]	18.43[a]
	2.85~15.9	0.15~2.20	7.15~193	3.85~363	7.14~112	25~606	50~577	1.9~62.7
小区	5.94[b]	0.86[a]	35.83[a]	80.98[a]	65.41[a]	277.74[a]	210.83[a]	23.29[a]
	3.85~13.1	0.03~3.23	3.76~111	1.85~202	4.83~269	17~544	34~412	2.3~66.7
停车场	6.92[b]	1.03[ab]	40.27[a]	55.71[a]	43.11[a]	265.65[a]	251.10[ab]	20.73[a]
	1.93~13.7	0.35~3.11	4.19~145	6.81~118	5.89~102	63~610	86~576	5.5~68.3
学校	7.34[ab]	1.42[ab]	63.51[ab]	117.06[a]	94.57[a]	523.41[b]	310.83[ab]	32.33[ab]
	1.90~15.9	0.62~2.84	9.85~247	11.7~293	14.6~255	62~1212	85~650	8.1~80.7
人行道	6.73[b]	0.95[ab]	42.99[ab]	62.81[a]	74.76[a]	334.99[a]	220.45[ab]	30.09[ab]
	1.92~10.9	0.34~1.86	4.83~99.7	24.5~181	9.26~201	61~771	72~372	8.0~77.9

注：各列平均值上标不同字母表示差异显著，$P \leqslant 0.05$。"（ ）"[*]，"[ ]"[**] 内数值代表上海市土壤该指标的平均本底含量。

从表 3.6 可以看出，各重金属含量变化范围较大，表明受外界干扰较大。在各土地使用类型中，广场含量较高，其他下垫面基本接近，主要是因为广场商家和人口比较集中，受外界干扰因素较大。在和土壤背景值比较中发现，沉积物中 Cd、Cu、Pb 和 Zn 指标含量显著高于土壤背景值，说明受外界污染较大，而 As、Cr 和 Ni 略低于土壤背景值，Mn 和土壤背景值基本相当。在国内外相同指标对比中发现，常静在 2007 年、张菊等在 2005 年、蒋海燕在 2005 年、李章平等在 2006 年、郭琳等在 2003 年、Li 等在 2001 年、Yun 等在 2002 年、Lee 等在 1998 年、Charlesworth 等在 2001 年和 2003 年测定的 Cd、Cu、Pb、Zn 含量接近，表明非渗透下垫面沉积物重金属富集污染是城市的共同问题（常静，2007；张菊，2005；蒋海燕，2005；李章平等，2006；郭琳等，2003；Li et al.，2001；Yun et al.，2002；Lee et al.，1998，Charlesworth et al.，2001；Charlesworth et al.，2003）。

　　非渗透下垫面沉积物有机质含量对吸附污染物的研究有着重要意义，如重金属 Pb 易与腐殖质络合形成稳定的 Pb-有机复合体（Gliksin et al.，1995）。从表 3.7 可以看出，TOC 和大多数重金属具有显著相关性，而重金属各指标间具有显著相关性，说明重金属来源具有一定的同源性。

表 3.7　沉积物各指标浓度变化相关性分析

	TP	TN	As	Cd	Cr	Cu	Pb	Zn	Mn	Ni
TOC	0.57**	0.63**	0.3*	0.17	0.11	0.16	0.42**	0.37**	0.26*	0.36**
TP		0.47**	0.51**	0.22*	0.16	0.23*	0.61**	0.4**	0.31*	0.34**
TN			0.45**	0.13	0.18	0.16	0.39**	0.42**	0.33**	0.41**
As				0.47**	0.57**	0.29**	0.58**	0.62**	0.73**	0.54**
Cd					0.48**	0.23**	0.46**	0.46**	0.56**	0.46**
Cr						0.3**	0.47**	0.56**	0.77**	0.55**
Cu							0.44**	0.39**	0.43**	0.70**
Pb								0.72**	0.63**	0.62**
Zn									0.76**	0.62**
Mn										0.72**

注 "*" 表示差异显著，$P \leqslant 0.05$；"**" 表示差异极显著，$P \leqslant 0.01$。

　　表3.8～表3.16列出了6个非渗透下垫面沉积物不同指标在不同粒级范围内的质量分数。绝大部分指标都遵循随着颗粒物粒径增大污染物质量分数逐渐减小的趋势，不仅是因为细颗粒具有较大的重量比例，而且因细颗粒具有较大的比表面积，对污染物吸附能力更强，造成的污染物浓度更大，常静和王小梅也发现了类似规律（常静，2007；王小梅，2011）。

表 3.8　不同粒径沉积物分级 TOC 质量分数　　　　　单位：%

粒径分级	广场	马路	小区	停车场	学校	人行道
<62 μm	39.54	17.26	50.19	39.47	31.56	30.31
62～150 μm	25.67	28.91	21.39	28.50	25.75	29.88
150～250 μm	12.27	15.34	10.78	8.54	11.08	12.43
250～450 μm	12.33	21.92	7.57	14.00	13.63	16.05
>450 μm	10.19	16.57	10.07	9.48	17.98	11.32

表 3.9 不同粒径沉积物分级 TP 质量分数 单位：%

粒径分级	广场	马路	小区	停车场	学校	人行道
<62 μm	54.11	17.03	51.99	35.71	39.08	46.26
62～150 μm	23.34	23.70	19.18	34.47	24.53	18.09
150～250 μm	9.92	29.38	13.26	12.60	14.38	13.91
250～450 μm	7.43	23.08	7.75	7.46	15.63	15.68
>450 μm	5.20	6.80	7.82	9.76	6.37	6.05

表 3.10 不同粒径沉积物分级 As 质量分数 单位：%

粒径分级	广场	马路	小区	停车场	学校	人行道
<62 μm	55.77	13.73	53.92	46.27	42.15	61.56
62～150 μm	20.74	17.89	16.86	24.30	13.65	19.35
150～250 μm	10.24	16.43	12.32	12.95	9.46	9.92
250～450 μm	8.09	23.01	10.43	6.50	18.71	7.43
>450 μm	5.16	28.95	6.47	9.98	16.03	1.74

表 3.11 不同粒径沉积物分级 Cd 质量分数 单位：%

粒径分级	广场	马路	小区	停车场	学校	人行道
<62 μm	44.62	21.21	66.64	50.39	46.65	47.22
62～150 μm	27.23	25.08	14.13	29.82	26.18	26.17
150～250 μm	5.30	15.18	3.16	4.25	11.12	15.56
250～450 μm	7.50	11.99	8.05	8.33	9.78	8.87
>450 μm	15.35	26.54	8.01	7.21	6.27	2.18

表 3.12 不同粒径沉积物分级 Cu 质量分数 单位：%

粒径分级	广场	马路	小区	停车场	学校	人行道
<62 μm	61.62	30.38	59.67	60.41	57.08	71.14
62～150 μm	22.18	35.96	19.94	26.49	14.66	14.72
150～250 μm	12.46	19.44	4.80	8.11	9.71	10.07
250～450 μm	0.85	4.53	2.94	2.14	10.22	2.42
>450 μm	2.89	9.69	12.66	2.85	8.33	1.65

表 3.13　不同粒径沉积物分级 Pb 质量分数　　　单位：%

粒径分级	广场	马路	小区	停车场	学校	人行道
<62 μm	50.35	18.44	75.37	59.78	42.82	66.64
62~150 μm	36.83	58.61	11.18	19.95	25.98	16.86
150~250 μm	4.43	12.98	5.23	11.63	15.94	9.07
250~450 μm	2.64	5.13	5.10	6.10	12.73	6.50
>450 μm	5.74	4.85	3.12	2.54	2.53	0.93

表 3.14　不同粒径沉积物分级 Zn 质量分数　　　单位：%

粒径分级	广场	马路	小区	停车场	学校	人行道
<62 μm	53.68	26.15	57.39	59.37	44.82	55.66
62~150 μm	34.58	23.18	15.56	18.03	25.47	23.24
150~250 μm	5.55	23.59	8.86	13.86	13.83	17.53
250~450 μm	2.75	9.99	12.90	6.57	10.78	1.47
>450 μm	3.45	17.08	5.29	2.18	5.11	2.09

表 3.15　不同粒径沉积物分级 Mn 质量分数　　　单位：%

粒径分级	广场	马路	小区	停车场	学校	人行道
<62 μm	52.95	14.44	62.77	44.41	39.47	43.27
62~150 μm	30.42	28.09	11.76	22.64	23.02	20.36
150~250 μm	6.61	25.67	7.83	13.79	13.90	16.37
250~450 μm	8.28	14.13	7.15	13.25	12.23	11.89
>450 μm	1.74	17.66	10.48	5.91	11.38	8.10

表 3.16　不同粒径沉积物分级 Ni 质量分数　　　单位：%

粒径分级	广场	马路	小区	停车场	学校	人行道
<62 μm	60.50	24.76	62.83	52.72	50.50	49.23
62~150 μm	26.82	32.04	13.72	26.39	26.87	24.44
150~250 μm	3.97	17.63	5.57	12.87	16.41	13.15
250~450 μm	2.40	9.42	6.27	4.37	3.57	8.31
>450 μm	6.31	16.15	11.61	3.65	2.66	4.87

3.2.2　降雨径流污染物可冲刷部分沉积物界定分析

地表累积的污染物种类可分为"难转移"负荷和"易转移"负荷，前者很难被小强度降雨冲刷，但可以被吸尘器收集，如中小强度降雨只能将地表部分颗粒态沉积物冲刷转移到径流中（Vaze et al.，2002），因此"易转移"部分沉积物量小于吸尘器收集量（Egodawatta et al.，2007；Egodawatta et al.，2008）。因小粒径颗粒对污染物的吸附作用更强且易被冲刷，所以吸尘器吸取的"易转移"污染物占沉积物中的污染物质量的绝大部分（Huston et al.，2009；Deletic et al.，2005；Vaze et al.，2002；Lloyd et al.，1999）。王宝山发现，路面和屋顶大部分粒径小于200 μm，且能代表70%以上的污染物（王宝山，2011），同时污染物冲刷以粒径小于100 μm 为主（Goonetilleke et al.，2009），所以用200 μm 以下的污染物来代表实际冲刷转移量。但城市环境以及清扫水平有一定差异，上海市中心城区在清扫与外界环境的共同作用下，非渗透下垫面沉积物组成结构以及能够被冲刷的颗粒物粒径组成还需要调查研究，从而在沉积物与降雨径流之间建立起研究的连接点。

3.2.2.1 数量分布分析——上海市各下垫面沉积物可冲刷的平均数量比例为78%～95%

研究表明，城市各下垫面沉积物中只有一部分转移到降雨径流中，理论上通过降雨前后下垫面沉积物之间的差异可以得出，但是降雨过程中下垫面产生的沉积物会有一定的干扰，所以，用雨前非渗透下垫面沉积物和降雨径流颗粒物组成的经验范围值来确定转移系数 T_r 更为准确，这对于沉积物可冲刷部分污染负荷的推算具有普适意义（Vaze et al.，2002）。

首先从颗粒物数量角度分析沉积物转移到径流中的比例。由于篇幅原因，图3.9 只展示了1 场降雨7 个下垫面径流颗粒物数量组成比例，从图3.9 中可以看出，降雨径流中不同粒径颗粒物体积比基本呈正态分布，要从不同下垫面和不同降雨场次中取1 个最合适的转移粒径范围非常重要。通过图3.9 可以看出，降雨径流不同粒度颗粒物累积数量比例在粒径>100 μm 的颗粒物中所占比例较小，而>150 μm 所占比例更小，7 场次降雨计算出的平均值（表3.17）显示，≤150 μm 粒径沉积物转移到降雨径流中的平均百分比为78.23%～95.35%，最小比例也超过了67.86%，相比其他粒径范围更为准确，同时粒径增大或减小都可能造成取值的失真。同时 150 μm 以下也是颗粒物分级中的细砂和黏土 2 个级别，所以为了方便计算，本书统一取值 150 μm 为沉积物转移的分界点（Zhao et al.，2013）。相对于 Egodawatta 等和王宝山用 200 μm 以下粒径代表 70%以上体积比例的沉积物，本研究的取值结果更为精确（Egodawatta et al.，2008；王宝山，2011）。

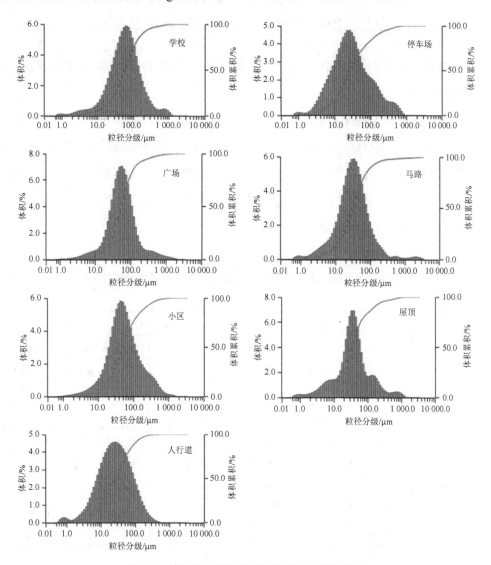

图 3.9 降雨径流不同粒度颗粒物累积数量比例

表 3.17　各下垫面降雨径流≤150 μm 颗粒物累积数量比例平均值和变化范围

单位：%

	小区	学校	广场	屋顶	停车场	马路	人行道
平均值	78.23	82.33	86.92	84.24	81.28	95.35	84.33
变化范围	69.66～91.23	71.62～94.35	74.55～96.33	67.86～92.22	68.22～90.11	83.67～100	69.22～93.08

3.2.2.2　质量分布分析——上海市各下垫面污染物可冲刷平均质量比例为 64%～88%

用 150 μm 粒径来界定可冲刷部分沉积物，然后通过质量分级计算得到 150 μm 以下沉积物不同指标污染物的质量比例（表 3.18），即污染物转移比例 T_r。除马路下垫面外，150 μm 以下沉积物污染质量百分比例基本在 65%以上，最高限达到了 88.26%，而各下垫面平均值也在 61.41%以上，说明降雨径流颗粒态污染物能带走沉积物中的大部分污染物。

表 3.18　各下垫面降雨径流≤150 μm 颗粒物累积污染物质量比例平均值

单位：%

污染物	广场	马路	小区	停车场	学校	人行道	平均值
TOC	65.21	46.17	71.58	67.97	57.31	60.19	61.41
TP	77.45	40.73	71.17	70.18	63.61	64.36	64.58
TN	64.28	53.44	70.12	68.24	68.29	62.32	64.45
As	76.52	31.62	70.78	70.57	55.80	80.91	64.36
Cd	71.85	46.28	80.77	80.22	72.83	73.39	70.89
Cu	83.80	66.34	79.61	86.90	71.74	85.86	79.04
Pb	87.18	77.04	86.55	79.72	68.80	83.50	80.47
Zn	88.26	49.33	72.95	77.40	70.29	78.91	72.86
Mn	83.36	42.54	74.53	67.05	62.50	63.63	65.60
Ni	87.32	56.79	76.55	79.12	77.36	73.67	75.14

3.2.3 沉积物累积变化测定分析

近年来对沉积污染物在不同区域和不同土地使用类型的研究一直在持续，每个城市因为清扫水平、工业发展、交通流量、工业区所处的地理位置、城市的气流交换等气象因素等特征，沉积污染物的地理分布差异较大。如王小梅在 2011 年研究发现北京城中村因为清扫问题，沉积物累积最多，村庄街道的沉积物量（193 ± 201 mg/m^2）是中心城区（19 ± 17 mg/m^2）的 10 倍左右（王小梅，2011）。张菊在 2005 年报道上海内环线区域街道沉积物中的 Cu、Pb 和 Zn 污染较为严重，城镇居住区重金属累积负荷大于公路和乡村（张菊，2005）。所以针对沉积物在空间分布上的研究由于众多因素影响较难有统一规律。

沉积物指数累积模型目前已广泛应用于沉积污染物负荷的预测和估算（Behera，2001），其中 Jieyun Chen 在 2006 年用指数累积模型分别建立了 TSS、TN、TP、COD$_{Cr}$、Zn、Al、Cu 和 Fe 的累积模型参数，与实际观测值具有较好的相关性（Chen et al.，2006）。国内报道中少见对中心城区沉积物的累积进行模型研究，大多是现象性的描述，如常静在 2007 年报道随着无雨期天数的增加，地表灰尘负荷总体上有增大的趋势，重金属累积负荷变化呈"S"形增长曲线（常静，2007）。虽然沉积污染物累积模型的研究具有一定的复杂性，但是针对某一特定区域，其清扫方式基本一致，其预测程度大大降低，所以本书拟研究不同下垫面沉积物累积指数模型的参数，进一步建立起径流污染负荷输出的定量化方程。

3.2.3.1 时间累积测定分析——上海市各下垫面沉积物重量、污染物浓度和重量迅速累积后缓慢趋于饱和

图 3.10 列出了 6 个下垫面在 30 d 降雨晴天数沉积物重量的累积规律，表 3.19 列出了模拟的相应参数。从图 3.10 可以看出，沉积物重量在各下垫面随着雨前晴天数的延长逐渐增加，虽然部分测定值和模拟值之间存在一定差异，但从表 3.19 可以看出，基本都具有统计意义上的相关性（$P \leqslant 0.05$）。第一次沉积物采样日期为 2014 年 9 月 22 日 40.3 mm 暴雨后，各下垫面仍然保留不同重量的沉积物，Vaze

等研究发现大于 7 mm/h 的降雨能够对沉积物进行较好的清理(Vaze et al.,2002)，所以本书选择 9 月 22 日暴雨后的沉积物重量值为模型的 L_2 值，而趋于最大的沉积物重量稳定值为 L_1。从表 3.19 可以看出，潜在累积的最大重量在马路，人行道和广场下垫面较大，而其他下垫面基本相当。从累积系数 k_2 可以看出，除马路前期累积速率较快以外，各下垫面累积速度基本相当。从 6 个下垫面沉积物重量累积的曲线和指数方程来看，沉积物在降雨后的前几天中累积速率较快，大概 8 d 后，速率显著下降到很低水平，和 Grottker 研究结果接近（Grottker，1987），后期各下垫面在清扫和累积中逐渐达到平衡。

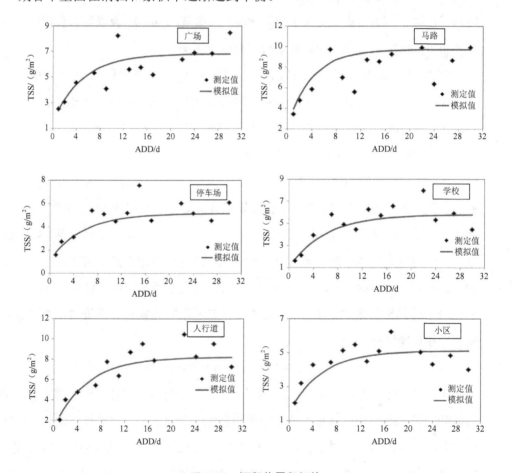

图 3.10　沉积物累积规律

表 3.19　沉积物重量累积模型参数

	L_2	L_1	k_2
广场	1.49	6.82	0.20*
马路	2.30	9.72	0.25*
停车场	1.13	5.16	0.18**
学校	1.01	5.80	0.17*
人行道	1.28	8.23	0.18*
小区	1.49	5.11	0.19**

注：上标"*"表示模拟方程检验 $P \leqslant 0.05$，"**"表示 $P \leqslant 0.01$。

　　由于篇幅问题，本书只展示了 TOC 浓度在降雨后 30 d 的变化过程（图 3.11），其余指标以模拟方程参数形式列于表 3.20 中。从图 3.11 可以看出，下垫面沉积物各指标浓度在降雨后逐渐升高，最后达到稳定状态。虽然部分测定值和模拟值存在一定差异，但浓度与 ADD 总体上符合 Grottker 指数方程，并具有统计意义上的相关性（表 3.20）（Grottker，1987）。

　　降雨后滞留在下垫面上的沉积物在降雨过程中受到雨水冲刷，大部分以溶解态的形式转移到了降雨径流中，但仍然有一部分滞留在沉积物上，所以各下垫面沉积物各指标本底浓度 C_2 在不同下垫面间存在一定差异，大部分指标中马路和广场较高，与潜在富集的最大浓度 C_1 变化趋势基本一致。各指标的富集速率 k_2 小于沉积物的累积速率，推测沉积物除了受沉降因素影响外，在下垫面上还具有一个富集过程。不同下垫面富集速率 k_2 基本一致，推测污染物来源可能具有同源性。不同污染物指标中，TP、TN、As 和 TOC 富集速率较快，而其他指标较慢。

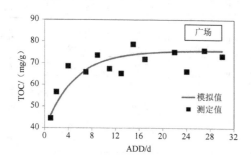

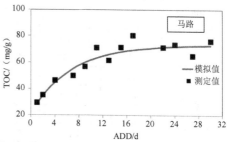

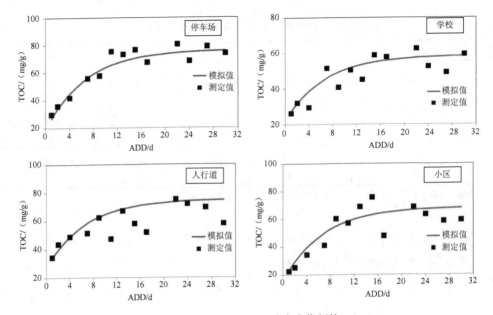

图 3.11 沉积物 TOC 浓度富集规律

表 3.20 沉积物各指标浓度参数

		广场	马路	小区	停车场	学校	人行道
TOC/ （mg/g）	C_2	39.11	20.99	15.41	18.67	22.30	27.38
	C_1	75.81	73.55	68.57	76.53	58.75	75.34
	k_2	0.20*	0.15*	0.15**	0.15*	0.15*	0.15*
TP/ （mg/g）	C_2	0.43	0.28	0.34	0.16	0.28	0.31
	C_1	1.91	0.79	0.75	0.82	0.67	0.84
	k_2	0.20*	0.20*	0.20*	0.20*	0.20**	0.20*
TN/ （mg/g）	C_2	17.32	16.11	16.79	15.21	15.04	18.28
	C_1	32.32	28.23	29.16	28.36	27.03	29.39
	k_2	0.20*	0.20*	0.20*	0.20*	0.20*	0.20*
As/ （μg/g）	C_2	3.72	2.13	3.84	1.93	1.29	1.35
	C_1	12.52	11.87	8.31	7.27	7.56	6.76
	k_2	0.20*	0.20*	0.20*	0.20*	0.20*	0.20*
Cd/ （μg/g）	C_2	0.27	0.20	0.17	0.34	0.21	0.34
	C_1	2.43	2.12	1.54	1.76	2.38	1.44
	k_2	0.13*	0.13*	0.13*	0.13*	0.13*	0.13*

		广场	马路	小区	停车场	学校	人行道
Cr/ ($\mu g/g$)	C_2	16.52	17.15	14.40	14.80	13.16	10.80
	C_1	87.87	83.64	54.24	85.23	65.81	61.77
	k_2	0.13^*	0.13^{**}	0.13^*	0.13^*	0.13^*	0.13^*
Cu/ ($\mu g/g$)	C_2	37.23	38.51	18.51	16.81	16.93	14.46
	C_1	275.95	288.46	95.08	79.14	178.91	58.97
	k_2	0.13^*	0.13^*	0.13^*	0.13^*	0.13^*	0.13^*
Pb/ ($\mu g/g$)	C_2	37.91	17.66	18.00	9.56	12.20	12.46
	C_1	227.05	121.17	88.11	94.89	95.64	79.62
	k_2	0.13^*	0.13^*	0.13^{**}	0.13^*	0.13^*	0.13^*
Zn/ ($\mu g/g$)	C_2	77.27	39.99	17.41	63.81	62.55	23.21
	C_1	715.41	550.89	393.38	376.94	564.26	376.00
	k_2	0.13^*	0.13^*	0.13^*	0.13^*	0.13^*	0.13^*
Mn/ ($\mu g/g$)	C_2	75.53	50.43	34.62	86.27	84.82	50.17
	C_1	658.47	559.31	377.89	522.03	515.77	308.61
	k_2	0.13^{**}	0.13^*	0.13^*	0.13^*	0.13^*	0.13^*
Ni/ ($\mu g/g$)	C_2	9.59	1.93	2.31	5.48	9.34	14.41
	C_1	87.17	29.72	32.54	43.64	56.87	39.92
	k_2	0.13^*	0.13^*	0.13^*	0.13^{**}	0.13^*	0.13^*

注：上标"*"表示模拟方程检验 $P \leqslant 0.05$，"**"表示 $P \leqslant 0.01$。

沉积物重量与污染物浓度的乘积为污染物质量，由于篇幅问题，只是将 TOC 质量变化趋势展示于图 3.12，其他以模型参数形式列于表 3.21。由图 3.12 可以看出，TOC 质量在不同雨前晴天数 ADD 累积时间过程可以用 Grottker 指数方程拟合，且具有统计意义上的相关性（Grottker，1987）。从表 3.21 可以看出，各污染物指标降雨后的污染物质量 L_2 和潜在累积质量 L_1 具有很大的差距，所以大量污染物累积发生在降雨后的晴天时期。而污染物质量累积速率 k_2 受到沉积物累积质量和浓度富集 2 个参数的影响，质量累积速率小于重量累积速率和污染物富集速率。各下垫面之间，污染物累积速率 k_2 基本一致。各污染物指标间，TOC、TP、TN 和 As 的累积速度大于其他指标。

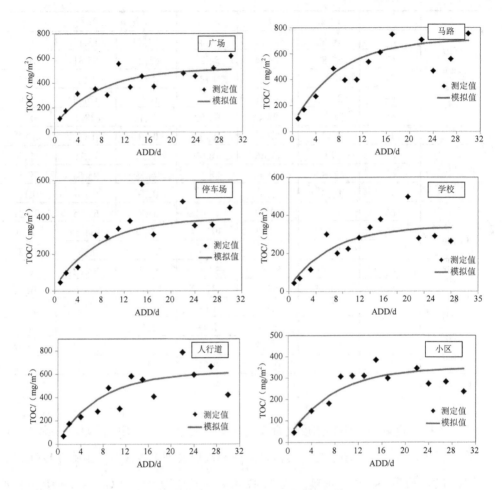

图 3.12 沉积物 TOC 质量累积规律

表 3.21 沉积物各指标累积质量参数

		广场	马路	小区	停车场	学校	人行道
TOC/ (g/m²)	L_2	58.17	48.26	22.93	21.11	22.61	34.93
	L_1	517.31	715.01	350.38	395.22	340.87	620.05
	k_2	0.13*	0.13*	0.13*	0.13*	0.13*	0.13*
TP/ (g/m²)	L_2	0.65	0.64	0.5	0.18	0.28	0.39
	L_1	13.02	7.72	3.83	4.22	3.91	6.94
	k_2	0.13*	0.13*	0.13*	0.13*	0.13*	0.13*

		广场	马路	小区	停车场	学校	人行道
TN/ (g/m^2)	L_2	25.76	37.03	24.98	17.19	15.25	23.33
	L_1	220.57	274.45	149.01	146.46	156.84	241.87
	k_2	0.13^*	0.13^*	0.13^*	0.13^*	0.13^*	0.13^*
As/ $(\mu g/m^2)$	L_2	5.53	4.89	5.71	2.18	1.31	1.73
	L_1	85.46	115.37	42.46	37.54	43.86	55.62
	k_2	0.13^{**}	0.13^*	0.13^*	0.13^*	0.13^*	0.13^*
Cd/ $(\mu g/m^2)$	L_2	0.41	0.47	0.25	0.38	0.21	0.43
	L_1	16.6	20.61	7.87	9.07	13.81	11.85
	k_2	0.11^*	0.11^*	0.11^*	0.11^*	0.11^*	0.11^*
Cr/ $(\mu g/m^2)$	L_2	24.57	39.43	21.43	16.73	13.34	13.77
	L_1	599.6	813.1	277.16	440.15	381.83	508.37
	k_2	0.11^*	0.11^*	0.11^*	0.11^*	0.11^*	0.11^*
Cu/ $(\mu g/m^2)$	L_2	55.37	88.54	27.54	19.01	17.17	18.45
	L_1	1 883.01	2 804.25	485.84	408.7	1 038.04	485.32
	k_2	0.11^*	0.11^*	0.11^*	0.11^*	0.11^*	0.11^*
Pb/ $(\mu g/m^2)$	L_2	56.38	40.6	26.78	10.81	12.37	15.9
	L_1	1 549.33	1 177.95	450.22	490.03	554.9	655.27
	k_2	0.11^*	0.11^*	0.11^*	0.11^*	0.11^*	0.11^*
Zn/ $(\mu g/m^2)$	L_2	114.93	91.94	25.91	72.15	63.43	29.61
	L_1	4 881.76	5 355.44	2 010.09	1 946.62	3 273.84	3 094.48
	k_2	0.11^*	0.11^{**}	0.11^*	0.11^*	0.11^*	0.11^*
Mn/ $(\mu g/m^2)$	L_2	112.34	115.94	51.51	97.55	86.01	64
	L_1	4 493.22	5 437.3	1 930.94	2 695.9	2 992.5	2 539.86
	k_2	0.11^*	0.11^*	0.11^*	0.11^*	0.11^*	0.11^*
Ni/ $(\mu g/m^2)$	L_2	14.26	4.44	3.44	6.2	9.47	18.38
	L_1	594.82	288.92	166.27	225.37	329.96	328.54
	k_2	0.11^*	0.11^*	0.11^*	0.11^*	0.11^*	0.11^*

注：上标"*"表示模拟方程检验 $P \leqslant 0.05$，"**"表示 $P \leqslant 0.01$。

3.2.3.2 空间分布——上海市中心城区各行政区域间沉积物重量和污染物浓度大部分没有显著性差异

图 3.13 和表 3.22 列出了上海市 6 个行政区域每个区域 4 个采样点所采集沉积物重量的分布和平均值。从图 3.13 和表 3.22 可以看出，沉积物重量在各下垫面之

间相差不大，没有显著性差异（$P \geq 0.05$），从马路和小区比较来看，马路沉积物一般高于小区。除降雨冲刷以外，下垫面沉积物质量主要受清扫方式的影响，而中心城区在相近的城市管理方式下清扫方式基本一致（王小梅，2011）。所以公共下垫面（马路）沉积物在中心城区间的质量差异不大，而相同物业管理水平下小区沉积物质量也相差不大。

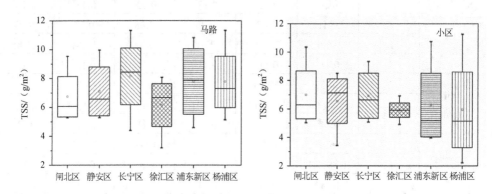

图 3.13　马路和小区沉积物重量在各区域中的分布

表 3.22　沉积物在各区域中的平均重量　　　　　　　单位：g/m^2

	闸北区	静安区	长宁区	徐汇区	浦东新区	杨浦区
马路	6.73±1.97	7.10±2.17	8.14±2.87	6.14±2.12	7.78±2.79	7.76±2.62
小区	6.99±2.39	6.54±2.23	6.92±1.96	5.91±0.82	6.28±3.16	5.94±3.86

因为篇幅原因，6 个行政区域每个区域 4 个采样点的非渗透下垫面沉积物浓度变化范围仅展示 TP 指标（图 3.14），而其他指标以"平均值±标准差"的形式列于表 3.23 中。从表 3.23 可以看出，各指标浓度在不同区域间变化规律不一致，一些指标存在显著的区域差异性，但大多数指标在各区域间没有显著性差异。如马路 TOC 浓度在闸北区较高，而其他 5 个区域基本一致；马路 Cd 浓度在静安区和长宁区较低，而其他区域较高；马路和小区 TP 浓度在各个区域间没有显著差异。人为活动特别是交通量，是大气沉积物的重要来源，但中心城区各区域人居

情况、交通情况基本接近，在没有大型外来污染源（如工厂）的影响下，中心城区污染物浓度没有太大差别（Harned，1988；Hedges et al.，1987）。马路和小区的沉积物污染指标浓度虽然没有明显的一致趋势，但大部分指标特别是重金属马路的污染物浓度高于小区，主要是因为马路的汽车尾气排放和机械磨损带来的重金属量更大（贺宝根等，2003）。

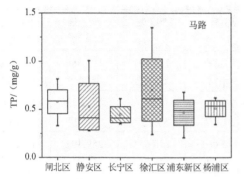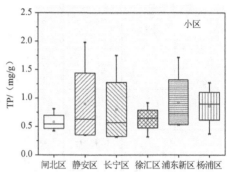

图 3.14　马路和小区沉积物 TP 浓度在各区域中的分布

表 3.23　沉积物各指标在各区域中的浓度

		闸北区	静安区	长宁区	徐汇区	浦东新区	杨浦区
TOC/ (mg/g)	马路	52.32± 4.43[b]	27.88± 2.26[a]	26.55± 8.829[a]	35.20± 6.02[a]	37.16± 13.29[a]	31.02± 11.06[a]
	小区	35.33± 9.38[a]	43.91± 7.44[b]	27.84± 15.69[a]	38.99± 4.18[a]	42.92± 10.64[b]	38.15± 5.18[a]
TP/ (mg/g)	马路	0.58± 0.20	0.53± 0.34	0.45± 0.12	0.70± 0.47	0.47± 0.20	0.51± 0.12
	小区	0.58± 0.17	0.89± 0.77	0.80± 0.67	0.63± 0.24	0.93± 0.56	0.86± 0.37
As/ (μg/g)	马路	10.4± 1.94	9.5± 5.41	10.38± 3.65	9.81± 2.78	12.68± 3.87	9.90± 2.37
	小区	4.60± 1.28[a]	5.77± 1.15[a]	6.17± 1.50[a]	8.72± 1.26[b]	7.36± 2.44[ab]	6.40± 0.61[a]

		闸北区	静安区	长宁区	徐汇区	浦东新区	杨浦区
Cd/ (μg/g)	马路	1.94± 0.16[b]	0.37± 0.16[a]	0.78± 0.62[a]	1.32± 0.57[b]	2.03± 1.07[b]	1.30± 0.69[b]
	小区	1.36± 0.44[b]	0.93± 0.33[a]	1.30± 0.25[a]	1.63± 0.17[b]	1.60± 0.11[b]	1.57± 0.99[b]
Cr/ (μg/g)	马路	112.63± 26.95[b]	42.95± 21.73[a]	53.27± 15.18[a]	63.61± 7.83[a]	77.04± 36.34[ab]	90.36± 33.84[ab]
	小区	46.81± 6.21	26.44± 4.19	53.51± 31.30	59.09± 12.03	60.55± 17.32	94.26± 81.31
Cu/ (μg/g)	马路	111.45± 36.56[ab]	60.07± 20.84[a]	91.29± 54.34[a]	118.34± 13.73[ab]	171.48± 90.06[b]	134.98± 93.69[ab]
	小区	99.60± 25.08[ab]	67.99± 22.01[a]	76.76± 21.55[a]	98.61± 59.12[ab]	138.04± 61.81[b]	107.29± 32.01[ab]
Pb/ (μg/g)	马路	249.79± 96.69	198.42± 120.40	175.80± 66.83	170.65± 35.25	259.49± 78.83	159.30± 14.92
	小区	161.40± 52.65[b]	50.97± 13.03[a]	107.8± 59.16[a]	107.80± 33.38[a]	201.1± 84.24[c]	141.94± 48.06[b]
Zn/ (μg/g)	马路	517.02± 257.52[bc]	175.11± 44.16[a]	262.54± 179.96[ab]	242.11± 4.67[a]	631.02± 110.71[bc]	295.25± 192.88b
	小区	603.66± 301.56	464.94± 137.30	374.19± 46.18	588.12± 283.35	531.01± 331.11	451.32± 209.05
Mn/ (μg/g)	马路	605.89± 197.47[d]	182.54± 6.17[a]	221.53± 61.21[a]	305.65± 53.28[b]	483.44± 154.27[c]	528.15± 245.78[cd]
	小区	247.41± 30.05[a]	232.70± 34.91[a]	224.72± 54.11[a]	313.28± 83.02[a]	293.05± 42.19[a]	357.60± 80.76[b]
Ni/ (μg/g)	马路	53.08± 11.62[c]	27.38± 13.85[a]	16.09± 5.76[a]	26.45± 7.05[a]	39.58± 11.25[b]	25.40± 2.94[a]
	小区	40.06± 9.65[b]	17.90± 5.68[a]	26.96± 4.47[a]	23.44± 3.53[a]	40.22± 18.48[b]	51.42± 29.51[b]

注：不同字母表示具有显著性差异，$P \leq 0.5$。

非渗透下垫面沉积污染物质量是沉积物重量和浓度的综合反应，因为篇幅原因，6 个行政区域、每个区域 4 个采样点的污染物质量累积变化情况仅展示 TP 指标于图 3.15 中，而其他指标以"平均值±标准差"的方式列于表 3.24 中。从表 3.24 可以看出，大多数指标在各区域间的变化幅度不大，且没有统计上的显著差异，但由于沉积污染物影响因素多，很难具有一致趋势。如马路 TOC 质量在闸北和浦东新区较高，其他区域基本相当；而小区 TOC 质量在各区域都基本接近。各区域间，在沉积物重量和污染物浓度没有较大差异的情况下，污染物质量也不会有较大的异常变动。

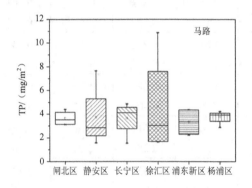 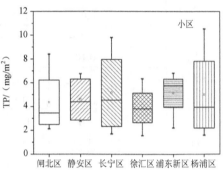

图 3.15　马路和小区沉积物 TP 质量在各区域中的分布

表 3.24　沉积物各指标在各区域中的质量

		闸北区	静安区	长宁区	徐汇区	浦东新区	杨浦区
TOC/ (mg/m^2)	马路	356.13± 126.23 [b]	195.36± 50.18 [a]	202.59± 57.22 [a]	222.24± 103.58 [a]	284.28± 108.89 [b]	220.32± 44.52 [a]
	小区	239.94± 66.57	276.14± 69.42	183.24± 82.64	231.58± 45.61	256.19± 96.85	212.49± 112.01
TP/ (mg/m^2)	马路	3.64± 0.62	3.73± 2.69	3.66± 1.46	4.65± 4.34	3.32± 1.19	3.74± 0.59
	小区	4.35± 2.81	4.58± 2.03	5.14± 3.62	3.88± 1.95	5.13± 2.01	5.01± 3.96
As/ $(\mu g/m^2)$	马路	67.30± 6.47 [a]	60.11± 20.27 [a]	76.85± 10.76 [ab]	63.98± 32.54 [a]	96.46± 33.53 [b]	72.69± 9.58 [ab]
	小区	34.40± 21.57	38.62± 18.34	42.87± 14.74	52.31± 14.49	41.64± 9.64	36.90± 22.56

		闸北区	静安区	长宁区	徐汇区	浦东新区	杨浦区
Cd/ ($\mu g/m^2$)	马路	13.29± 5.04 ^{bc}	2.72± 1.52 ^{a}	5.21± 2.27 ^{a}	7.64± 4.07 ^{ab}	14.13± 6.65 ^{c}	8.71± 2.82 ^{b}
	小区	10.13± 6.26	6.43± 3.56	9.05± 2.93	9.63± 1.54	9.79± 4.25	6.72± 1.82
Cr/ ($\mu g/m^2$)	马路	0.76± 0.29 ^{c}	0.34± 0.27 ^{a}	0.41± 0.14 ^{ab}	0.38± 0.10 ^{ab}	0.56± 0.24 ^{abc}	0.64± 0.07 ^{bc}
	小区	0.31± 0.05 ^{ab}	0.18± 0.08 ^{a}	0.35± 0.14 ^{b}	0.36± 0.12 ^{b}	0.34± 0.07 ^{ab}	0.40± 0.17 ^{b}
Cu/ ($\mu g/m^2$)	马路	0.70± 0.10 ^{bc}	0.40± 0.09 ^{b}	0.81± 0.73 ^{b}	0.75± 0.30 ^{b}	1.34± 0.66 ^{c}	0.13± 0.09 ^{a}
	小区	0.68± 0.21	0.42± 0.14	0.53± 0.21	0.62± 0.45	0.73± 0.13	0.73± 0.66
Pb/ ($\mu g/m^2$)	马路	1.60± 0.36	1.25± 0.46	1.56± 1.08	1.01± 0.29	2.16± 1.37	1.26± 0.54
	小区	1.22± 0.84 ^{b}	0.35± 0.18 ^{a}	0.71± 0.31 ^{a}	0.65± 0.26 ^{a}	1.11± 0.26 ^{b}	0.78± 0.47 ^{ab}
Zn/ ($\mu g/m^2$)	马路	3.32± 1.28 ^{b}	1.20± 0.32 ^{a}	1.83± 0.68 ^{a}	1.49± 0.52 ^{a}	5.12± 2.66 ^{b}	1.96± 0.77 ^{a}
	小区	4.14± 1.87	3.25± 1.80	2.52± 0.42	3.64± 2.24	2.86± 1.10	2.17± 0.64
Mn/ ($\mu g/m^2$)	马路	3.79± 0.45 ^{b}	1.30± 0.43 ^{a}	1.71± 0.51 ^{a}	1.86± 0.68 ^{a}	3.56± 1.09 ^{b}	3.68± 0.71 ^{b}
	小区	1.74± 0.67	1.58± 0.72	1.63± 0.85	1.85± 0.54	1.74± 0.60	1.89± 0.79
Ni/ ($\mu g/m^2$)	马路	0.34± 0.03 ^{c}	0.21± 0.13 ^{ab}	0.12± 0.02 ^{a}	0.15± 0.02 ^{a}	0.29± 0.06 ^{bc}	0.20± 0.08 ^{ab}
	小区	0.28± 0.11 ^{c}	0.12± 0.06 ^{a}	0.18± 0.02 ^{ab}	0.14± 0.03 ^{ab}	0.22± 0.05 ^{bc}	0.23± 0.05 ^{bc}

注：不同字母表示具有显著性差异，$P \leqslant 0.5$。

3.3 冲刷规律研究

3.3.1 非渗透下垫面降雨径流系数测定

当流域城市化后，降雨径流量就会相应增加。当下垫面对于雨水的保留能力被超过时，径流产生。降雨径流会受到降雨强度、持续时间、前期晴天数、土地使用类型以及相应地理特征（坡度、坡度类型和非渗透性）的影响，同时城市化程度可以通过降雨事件河流的流量来得到观察验证（Blackwell et al.，1999）。在未开发流域、自然流域、开发流域以及城市流域之间能找到不同的径流特点，它们之间的区别包括径流量、峰值流量、时间间隔（降雨和径流之间）。在发达地区，滞留降雨能力降低；事实上，非渗透垫面（停车场、公路）高度几乎能将所有的降雨变成径流。未受人为扰动区域具有较高的雨水滞留能力，主要与雨水的拦截和渗滤能力有关。在自然流域中，我们希望降雨径流只是发生在较长时间和较低强度的降雨事件上，而较多暴雨能够被完全滞留，且峰值径流量也比较小（Blackwell et al.，1999；Deletic et al.，1998；Dliks et al.，1993）。实际上，降雨径流系数与下垫面的非渗透度紧密相关（EPA，1994；EPA，1995；EPA，1996；Sansalone et al.，1998）。武晟等在 2006 年用人工模拟降雨装置对实验铺设的水泥路面进行研究，发现水泥路面的径流系数随着降雨时间的延长而增大，在降雨80 min 左右趋于常数（武晟等，2006）。孔花在 2012 年也用同样的方法研究发现坡度对水泥路面径流系数影响不大，降雨 70 min 以上的径流系数在 0.92～0.98，产流时间为 1～5 min（孔花，2012）。贺宝根等在 2001 年用大流域测定方式对上海市城市不同功能区下垫面进行了 SCS 模型参数的校验（贺宝根等，2001），刘兰岚 2007 年在室内采用人工模拟降雨方法对上海市中心城区土地利用变化的 SCS模型参数进行了校验（刘兰岚，2007），吴晓丹在 2012 年利用 SWMM 和 FloodMap对上海市中心城区进行暴雨积水建模（吴晓丹，2012）。上述研究一方面使用模型对径流量进行参数调整，另一方面通过模拟试验来进行测定，实验的下垫面都是人为搭建的小垫面，其粗糙度等实际条件很难模拟，而这是径流系数的关键因素之一，同时研究所涉及的土地使用类型较少，所以本书通过在现场对不同土地使用类型的非渗透下垫面进行现场试验研究，以期得到更准确的径流系数。

3.3.1.1 降雨历时对径流系数的影响分析——径流系数受降雨历时影响较大，10 mm/h 强度平稳产流时间为 20 min

实验在相同雨强条件下，选择不同的降雨历时，对各下垫面的降雨历时-径流系数关系式进行定量测定分析。当径流系数接近 1.0 时，认为已经稳定出流，不需再做更长的历时实验。表 3.25~表 3.30 列出了具体的径流系数，图 3.16~图 3.18 反映了径流系数的变化趋势，从中可以看出，在小雨强（A 雨强，平均 9.66 mm/h）下，径流系数在不同降雨历时下变化较大，变化范围为 0.18~0.90，其中变化最大的时间段为 20 min 内，20 min 后变化相对平稳。武晟等在 12.6 mm/h 的平均降雨强度下对水泥路面进行实验，5 min 的径流系数为 0.44，与本实验研究结果近似。在较大雨强（B 雨强，平均 38.7 mm/h；C 雨强，平均 53 mm/h）下，不同降雨历时影响比较小，10 min 以后径流系数已非常接近（武晟等，2006）。

表 3.25　广场路面降雨历时、降雨强度-径流系数关系表

降雨历时/ min	A 雨强			B 雨强			C 雨强		
	降雨量/ L	产流量/ L	径流系数	降雨量/ L	产流量/ L	径流系数	降雨量/ L	产流量/ L	径流系数
5	4.88	1.9	0.39	19.8	13.46	0.68	27.59	22.34	0.81
10	9.96	7.77	0.78	38.4	35.71	0.93	54.17	51.46	0.95
20	18.52	15.19	0.82	74.26	69.8	0.94	104.34	100.17	0.96
30	30.28	25.44	0.84	115.39	109.62	0.95	161.51	156.66	0.97
40	39.04	33.57	0.86	155.52	149.3	0.96	213.68	207.27	0.97
50	49.8	42.83	0.86	188.65	181.1	0.96	265.85	257.87	0.97
60	57.56	50.65	0.88	231.78	224.83	0.97	320.02	310.42	0.97
90	88.84	79.96	0.9	344.17	333.84	0.97	482.53	468.05	0.97

表 3.26 马路路面降雨历时、降雨强度-径流系数关系表

降雨历时/min	A 雨强			B 雨强			C 雨强		
	降雨量/L	产流量/L	径流系数	降雨量/L	产流量/L	径流系数	降雨量/L	产流量/L	径流系数
5	4.28	0.77	0.18	20.57	10.90	0.53	26.14	20.12	0.77
10	10.36	6.01	0.58	37.13	33.42	0.90	54.87	51.03	0.93
20	18.02	13.70	0.76	78.26	72.00	0.92	110.74	104.65	0.95
30	27.08	21.12	0.78	120.39	111.96	0.93	163.61	155.43	0.95
40	36.44	29.15	0.80	157.52	148.07	0.94	213.48	202.81	0.95
50	47.80	38.72	0.81	194.65	182.97	0.94	268.35	257.62	0.96
60	57.16	46.87	0.82	236.78	224.94	0.95	320.22	310.61	0.97

表 3.27 小区路面降雨历时、降雨强度-径流系数关系表

降雨历时/min	A 雨强			B 雨强			C 雨强		
	降雨量/L	产流量/L	径流系数	降雨量/L	产流量/L	径流系数	降雨量/L	产流量/L	径流系数
5	5.78	2.31	0.40	20.46	13.71	0.67	25.29	20.48	0.81
10	10.76	8.39	0.78	37.92	35.27	0.93	51.57	48.99	0.95
20	19.32	15.65	0.81	79.84	75.05	0.94	106.14	100.83	0.95
30	32.48	26.96	0.83	114.76	109.02	0.95	159.71	153.32	0.96
40	39.64	33.69	0.85	152.68	145.05	0.95	213.28	204.75	0.96
50	49.80	42.83	0.86	198.60	190.66	0.96	261.85	248.76	0.95
60	58.96	51.88	0.88	230.52	221.30	0.96	314.42	301.84	0.96

表 3.28 停车场路面降雨历时、降雨强度-径流系数关系表

降雨历时/min	A 雨强			B 雨强			C 雨强		
	降雨量/L	产流量/L	径流系数	降雨量/L	产流量/L	径流系数	降雨量/L	产流量/L	径流系数
5	4.28	1.62	0.38	18.12	11.96	0.66	25.88	21.22	0.82
10	9.45	7.18	0.76	38.43	35.36	0.92	53.26	50.60	0.95
20	19.40	15.52	0.80	75.86	71.31	0.94	108.52	103.64	0.96
30	29.65	24.31	0.82	111.29	105.73	0.95	162.28	155.79	0.96

降雨历时/ min	A 雨强			B 雨强			C 雨强		
	降雨量/ L	产流量/ L	径流 系数	降雨量/ L	产流量/ L	径流 系数	降雨量/ L	产流量/ L	径流 系数
40	38.20	32.09	0.84	148.72	142.77	0.96	215.04	206.44	0.96
50	46.75	39.74	0.85	187.15	179.66	0.96	266.80	256.13	0.96
60	57.80	50.29	0.87	225.58	218.81	0.97	319.56	306.78	0.96

表 3.29　学校路面降雨历时、降雨强度-径流系数关系表

降雨历时/ min	A 雨强			B 雨强			C 雨强		
	降雨量/ L	产流量/ L	径流 系数	降雨量/ L	产流量/ L	径流 系数	降雨量/ L	产流量/ L	径流 系数
5	5.72	2.40	0.42	19.64	13.16	0.67	26.12	21.41	0.82
10	10.33	8.06	0.78	38.28	35.60	0.93	53.23	50.04	0.94
20	21.66	17.98	0.83	74.96	70.46	0.94	108.46	103.04	0.95
30	33.49	28.80	0.86	111.84	106.25	0.95	160.69	152.66	0.95
40	43.72	38.04	0.87	148.12	140.71	0.95	217.92	209.20	0.96
50	55.15	47.98	0.87	188.40	180.86	0.96	276.15	265.10	0.96
60	63.98	56.94	0.89	225.68	216.65	0.96	327.38	314.28	0.96

表 3.30　人行道路面降雨历时、降雨强度-径流系数关系表

降雨历时/ min	A 雨强			B 雨强			C 雨强		
	降雨量/ L	产流量/ L	径流 系数	降雨量/ L	产流量/ L	径流 系数	降雨量/ L	产流量/ L	径流 系数
5	5.41	2.06	0.38	21.06	14.74	0.70	25.06	20.30	0.81
10	10.92	8.41	0.77	39.91	37.12	0.93	53.12	49.93	0.94
20	21.44	17.37	0.81	79.72	74.94	0.94	105.24	99.98	0.95
30	30.36	25.81	0.85	117.53	111.65	0.95	161.36	153.29	0.95
40	41.88	35.60	0.85	156.04	149.80	0.96	214.48	203.76	0.95
50	50.50	43.43	0.86	195.55	185.77	0.95	271.60	260.74	0.96
60	61.92	54.49	0.88	237.86	228.35	0.96	325.72	315.95	0.97

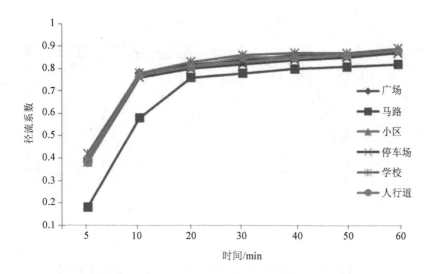

图 3.16　A 雨强下不同降雨历时各下垫面径流系数变化趋势

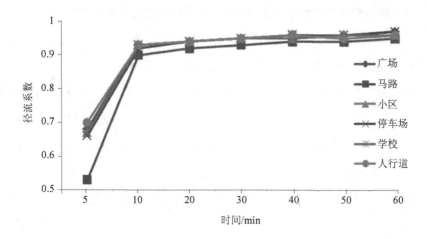

图 3.17　B 雨强下不同降雨历时各下垫面径流系数变化趋势

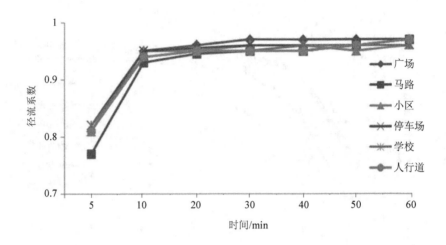

图 3.18　C 雨强下不同降雨历时各下垫面径流系数变化趋势

3.3.1.2　下垫面对径流系数的影响分析——沥青马路径流系数低于水泥路面，总体来说各非渗透下垫面差异不大

将不同下垫面在不同降雨历时下的径流系数进行差异性检验（表 3.31），发现在 A、B 和 C 雨强下，各下垫面径流系数不具有显著性差异，虽然 A 雨强的显著性稍低，也达到了 0.88，远高于差异性的 0.05，说明各下垫面的径流系数基本一致。这是因为本书研究的 6 个下垫面（广场、小区、马路、停车场、学校和人行道）都是非渗透下垫面，且都没有斑块铺装。刘兰岚在对 SCS 模型进行参数校验时，对于道路、建筑和工业用地各非渗透下垫面的 CN 取值都为 98，表示非渗透下垫面的产流效能基本一样，与本书研究结果相似（刘兰岚，2007）。从图 3.16～图 3.18 可以看出，马路在降雨初期的径流系数明显低于其他下垫面，主要是因为沥青马路相对于水泥下垫面所使用的粗颗粒构成了更大的孔隙率和粗糙度，其渗水性更强、初损值更高（李红等，2005；王小梅，2011）。

表 3.31 3 种雨强下各下垫面径流系统差异性分析

		平方和	自由度	均方	方差分析	显著性
A 雨强	组间	0.06	5.00	0.01	0.35	0.88
	组内	1.21	36.00	0.03		
	总数	1.26	41.00			
B 雨强	组间	0.01	5.00	0.00	0.13	0.98
	组内	0.46	36.00	0.01		
	总数	0.47	41.00			
C 雨强	组间	0.00	5.00	0.00	0.07	1.00
	组内	0.12	36.00	0.00		
	总数	0.12	41.00			

3.3.1.3 降雨强度对径流系数的影响分析——小降雨强度径流系数明显低于大降雨强度

因为各非渗透下垫面的径流系数差异不大，所以将各下垫面的平均径流系数按照不同雨强进行归类（表 3.32），从降雨强度来讲，径流系数差异较大。特别是在较小 A 雨强下，60 min 降雨时间的径流系数为 0.87，而较大 B、C 雨强，径流系数都达到了 0.96 以上，几乎全部产流。而在短时降雨（5 min）内，较小 A 雨强径流系数只有 0.36，绝大部分为初损。孔花认为水泥路面降雨强度越高，径流系数越大（孔花，2012）。主要是因为，较小雨强的雨水在相同坡面上的汇流时间更长，下渗和蒸发引起的初损更多（唐宁远等，2009）。

表 3.32 各雨强在不同降雨历时过程中的径流系数

		降雨历时/min						
		5.00	10.00	20.00	30.00	40.00	50.00	60.00
A 雨强	平均值	0.36	0.74	0.81	0.83	0.85	0.85	0.87
	标准差	0.09	0.08	0.02	0.03	0.02	0.02	0.03
B 雨强	平均值	0.65	0.92	0.94	0.95	0.95	0.96	0.96
	标准差	0.06	0.01	0.01	0.01	0.01	0.01	0.01
C 雨强	平均值	0.81	0.94	0.95	0.96	0.96	0.96	0.97
	标准差	0.02	0.01	0.01	0.01	0.01	0.01	0.01

3.3.2　非渗透下垫面降雨径流污染物冲刷系数测定分析

机理模型又称确定性模型，它是着眼于整个事件过程，通过过程模拟使模型参数真正具备了内在物理含义，因此具有很强的代表性。大量研究表明，降雨过程中污染物浓度-时间变化基本呈指数衰减规律（常静，2007；车伍等，2003；王和意，2005），但也会受降雨类型影响，常静研究的 4 场典型降雨中，污染物浓度-时间的变化在前 3 场都为单峰分布，且最大雨强分布较为靠前，而第 4 场雨为双峰型，最大雨强在时间分布上较为靠后，这种不同的雨型特征在一定程度上影响了污染物的冲刷过程（常静，2007）。

大多数模型因变量为径流流量、降雨强度、交通量、前期晴天数、周围土地使用情况和其他因素变化的变量，一般来说，很难考虑到太多的因素，如回归模型曾经被评论为是较差的预测者，冲刷模型因干扰因素少且准确度较高，受到广泛的使用（Driscoll et al., 1990）。

（1）冲刷模型 1：假设用冲刷率来直接反映流域内污染物存在量的多少，表明在降雨事件的开始就具有较高的污染物浓度，能较好地模拟初期冲刷效应。1987 年，Grottker 用式（3.1）和式（3.2）来描述模型方程（Grottker，1987）：

$$\text{Washoff rate} = -\frac{\mathrm{d}M}{\mathrm{d}t} = k_1 \cdot Q_{\mathrm{TRu}(t)} \cdot M \tag{3.1}$$

$$M_t = M_i \exp[-k_1 \cdot Q_{\mathrm{TRu}(t)}] \tag{3.2}$$

式中，M_t 为时间 t 流域污染物负荷质量，mg；M_i 为前期污染物质量，mg；k_1 为冲刷系数，mm^{-1}；$Q_{\mathrm{TRu}(t)}$ 是时间 t 的总径流量，m^3。式（3.2）强调，在降雨事件中，冲刷污染物的量随着径流量呈指数下降。

Osuch 和 Zawilski 对 Grottker 模型进行了改进（Osuch et al., 1998），当优先考虑降雨径流负荷［相对于降雨（M_i）］时，式（3.2）可以描述为式（3.3）。

$$M_w = M_i - M_t = M_i \cdot \{1 - \exp[-k_1 \cdot Q_{\mathrm{TRu}}(t)]\} \qquad (3.3)$$

式中，M_w 为降雨事件中冲刷物质的量。

（2）冲刷模型 2：对于冲刷污染物浓度方面，Rossman 新开发了一种利用双冲刷系数的污染物冲刷模型（Rossman，2007），Hua-Peng Qin 验证该模型能够应用到多变的降雨事件过程中，包括双峰型的降雨事件（Qin et al.，2010）。该模型也是建立在指数模型方程（3.3）基础上的：

$$\mathrm{d}P_t / \mathrm{d}t = -C_1 \cdot q_t^{c_2} \cdot P_t \qquad (3.4)$$

式中，P_t 为时间 t 时刻流域内污染物的累积量，kg；C_1 为冲刷系数；C_2 为冲刷指数；q_t 代表单位面积在单位时间下垫面的径流深，mm/h。

整理式（3.4）得到式（3.5）：

$$C_t = \left\{ C_1 \cdot P_0 \cdot q_t^{(C_2-1)} \cdot \exp[-C_1 \cdot \int_0^t q_t^{C_2} \mathrm{d}t] \right\} / A \qquad (3.5)$$

式中，C_t 代表时间 t 降雨径流污染物浓度，mg/L；P_0 代表降雨前下垫面污染物累积量，kg；q_t 代表单位面积在单位时间下垫面的径流深，mm/h；A 代表下垫面面积，km^2；C_1、C_2 分别代表冲刷系数和冲刷指数。

所以只要确定 P_0、q_t、C_1、C_2 4 参数，就能确定降雨径流污染物浓度的动态变化。

模型 2 主要侧重于对流域径流浓度进行评估，雨水口服务的单个下垫面则更多采用机理模型 1 进行校验分析。上海市中心城区非渗透下垫面径流水质特征研究报道较多，但大多是浓度等描述性的报道，与降雨等相关因素的关系较少用数学模型等方式去探讨研究，所以本书用统计模型［式（3.3）］去建立上海市各污染物的冲刷系数。

降雨径流初期冲刷效应的存在对污染物的控制是有利的，所以初期冲刷效应的深入研究，对降雨径流污染物的高效控制具有重要的意义。Ma 等建议使用一个持续的标准和命名法来定义质量初期冲刷效应（Ma et al.，2003），他建议使用 MFF_n 比率，n 代表降雨径流量百分比，比率即为占总流量 $n\%$ 的降雨径流污染负荷占总污染负荷的百分比。MFF 曲线在斜率为 1 的直线之上，说明径流污染物负荷输送较径流量更快，表现了初期冲刷效应。常静在 2007 年研究发现，上海市中心城区降雨径流绝大部分污染物都具有初期效应（如 TSS、NH_4^+、TP、TDP、Zn、Pb、Cu、Cd、Cr、Ni），且各下垫面情况基本一致，除双峰雨型外其余雨型趋势也基本一致（常静，2007）。张晶晶在 2011 年研究表明，上海市城区路面的 Mn 和 TSS 的初始冲刷效应较强（MFF_{30} 平均值＞48.47%），Fe、As、Zn、Ni 初始冲刷效应中等（36.68≤MFF_{30} 平均值≤42.02），Cu 和 Cr 初始冲刷效应较差（MFF_{30} 平均值＜35%），并且发现 MFF_{30} 受下垫面影响较小，但与最大雨强出现的时间关系较大，即最大雨强出现时间越早，初期效应就越明显（张晶晶，2011）。

初期冲刷效应在实际应用中需要对其进行定量表征。Bertrand 等认为每种污染物累积曲线都可以模拟成基于累积流量的幂函数曲线，其曲线方程 b 值大小可以用来表征初始冲刷的强弱（Bertrand et al.，1998）。并根据曲线偏离 45°平衡线的距离划分不同强度等级。图 3.19 的 4 条曲线分别代表 4 个不同 b 值和不同强度等级。

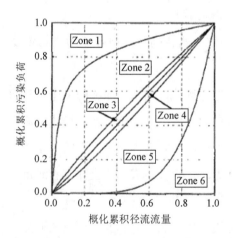
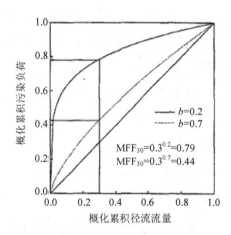

图 3.19　M（V）曲线的初始冲刷强度指标

　　用 b 值划分出不同区间后，进一步给定污染物负荷量的数值，才能更直观地说明初始冲刷强度。鉴于目前国内外很多研究都采用了 30/80 划分标准（即 30% 的径流量包含 80% 的污染负荷）（Bertrand et al.，1998；张晶晶，2011；郝丽岭，2012；Saget et al.，1995）。所以本研究也采用 MFF_{30} 指数。常静列出了污染物 $M(V)$ 拟合曲线 b 值、MFF30 取值范围、划分区间及冲刷强度等级（表 3.33）。b 值越小（≤0.185），初始冲刷强度越大，相应的 MFF30 越大（≥80%）（常静，2007）。

表 3.33　基于 $M(V)$ 拟合曲线的初始冲刷定量表征

正负	b	MFF_{30}	区间	等级
$b<1$	$0<b\leq0.185$	≥80%	1	强烈
	$0.185<b\leq0.862$	35%~80%	2	中等
	$0.862<b\leq1.000$	30%~35%	3	微弱
$b>1$	$1.000<b\leq1.159$	25%~30%	4	强烈
	$1.159<b\leq5.395$	≤25%	5	中等
	$5.395<b<+\infty$	—	6	微弱

　　EMC 是预测污染负荷最有用的指标。假如 EMC 是已知的，通过推理计算方法就可以得到降雨径流，然后很容易地预测污染负荷。污染负荷是雨水、区域和径流系数的综合结果。假如受纳水体环境可以使用平均浓度和负荷进行管理，这种方法就非常通用（Corwin et al.，1997；Irish et al.，1998）。但由于土地利用类型的不同，降雨径流水质存在很大差异，这主要是因为环境气候条件、生活方式和水平差异所导致。即使在同一地区，由于土地利用类型不同，雨水径流水质也将产生差异。研究表明，EMC 与降雨量、降雨强度基本成负相关关系（张晶晶，2011），降雨量和降雨强度越小，EMC 值反而越大，主要是因为随着降雨量与降雨强度的增加，污染物浓度会迅速被稀释冲淡，污染源发生衰减及耗竭效应（Lee et al.，2002）。但是在一定范围内 EMC 还是会随着降雨量的增大而升高，主要原因是随着降雨强度的增加，冲刷作用会增强，而雨量的稀释比例相对较小，如常静发现 EMC 增加的雨量范围是 20 mm（常静，2007）。单位面积场次降雨径流污染负荷

（EPL）是指单场降雨所引起的单位面积地表径流排放的污染物量，是降雨径流污染物评价的重要指标之一。降雨污染物来源于雨水对地面的冲刷，所以 EPL 与下垫面累积污染物显著相关，马英研究发现雨前晴天数越长，累积的污染物越多，EPL 越大，而与降雨特征参数（平均雨强、降雨历时和降雨量）以及区域面积没有明显相关性（$P \geqslant 0.05$）（马英，2012）。

目前关于降雨径流污染物特征报道较多，但多数只是量化描述，没有建立起相应的统计模型方程。所以，本书对不同土地使用类型的非渗透下垫面进行现场研究，以期建立起便于直接使用的污染物冲刷模型方程。

3.3.2.1 浓度-时间变化过程分析——上海市各下垫面和各污染物指标冲刷系数无显著差异，主要受平均降雨强度影响

由于各污染物指标溶解态所占的比例都较小，所以污染物的冲刷过程（浓度-时间变化）主要是以总量研究为主。由于篇幅所限，主要展示 10 场降雨 COD 浓度与时间的变化过程（图 3.20），而其他指标只是反映模型模拟后的参数值（表 3.34～表 3.36）。

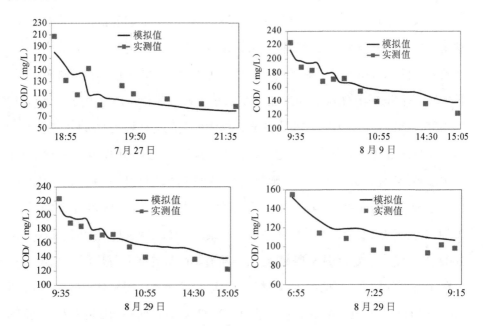

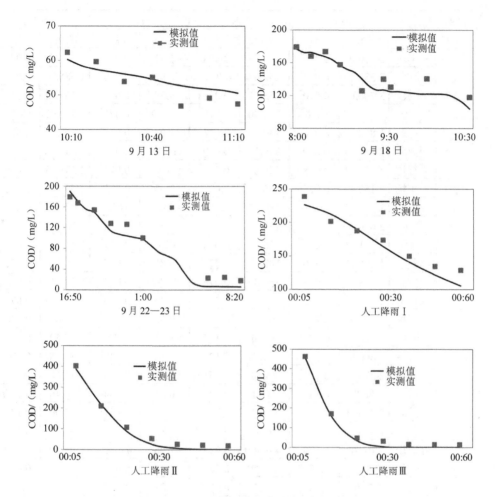

图 3.20 COD 在各场降雨中浓度-时间变化规律

表 3.34 常规各指标（总量）在自然降雨事件中的 Grrottker 模型参数值

降雨场次	下垫面	COD		TN		TP		SS	
		M_i/mg	k_1	M_i/mg	k_1	M_i/mg	k_1	M_i/mg	k_1
1	停车场	2 371.61	0.076*	253.85	0.080*	1.63	0.077*	1 200.00	0.077*
	小区	2 876.56	0.084*	163.90	0.081*	1.91	0.081*	951.22	0.083**
	学校	2 076.56	0.101*	147.45	0.101*	2.65	0.103*	1 019.61	0.103*
	广场	5 486.45	0.074**	262.50	0.076*	17.60	0.076*	1 833.33	0.074*
	屋顶	1 252.90	0.081*	14.63	0.081*	0.08	0.079*	40.50	0.080*

降雨场次	下垫面	COD		TN		TP		SS	
		M_i/mg	k_1	M_i/mg	k_1	M_i/mg	k_1	M_i/mg	k_1
2	停车场	3 000.00	0.076*	266.67	0.074*	1.71	0.075*	960.00	0.076*
	小区	3 333.33	0.074*	242.67	0.075**	2.90	0.076*	1 685.70	0.076*
	学校	3 700.00	0.070*	253.71	0.071*	4.34	0.071*	1 257.14	0.071*
	广场	4 766.67	0.070**	338.00	0.070*	17.90	0.071*	1 802.67	0.071*
	屋顶	1 800.00	0.076*	130.00	0.077*	1.04	0.077*	265.20	0.076*
	马路	8 944.44	0.079*	379.17	0.079*	16.35	0.078*	3 647.78	0.076*
	人行道	5 485.71	0.078*	204.80	0.077*	6.06	0.075*	2 331.43	0.075*
3	停车场	2 152.47	0.075*	166.56	0.073*	2.00	0.073*	752.56	0.073*
	小区	2 261.67	0.074**	180.17	0.074*	3.01	0.075**	1 073.33	0.074*
	学校	2 090.00	0.078*	150.33	0.078**	3.64	0.078*	1 063.33	0.079*
	广场	5 111.11	0.078*	225.51	0.078*	17.78	0.079*	1 811.87	0.077*
	屋顶	1 076.67	0.076*	102.90	0.078*	0.81	0.075*	340.00	0.075*
	马路	3 363.89	0.077*	360.89	0.075*	15.97	0.075*	1 996.30	0.078*
	人行道	2 748.57	0.073*	182.00	0.073*	6.30	0.076*	1 769.59	0.076*
4	停车场	1 221.73	0.133*	52.61	0.138*	0.56	0.138*	263.05	0.140*
	小区	1 466.96	0.127*	63.50	0.127*	1.14	0.128**	317.52	0.128*
	学校	1 600.32	0.127*	62.51	0.128*	1.86	0.128*	387.38	0.123*
	广场	2 475.94	0.151*	85.18	0.151*	5.33	0.146*	573.68	0.144*
	屋顶	888.80	0.141*	35.71	0.136*	0.26	0.134*	190.46	0.137*
	马路	2 053.50	0.132**	65.12	0.131**	9.77	0.134*	777.00	0.136*
	人行道	1 758.28	0.139*	56.02	0.141*	1.89	0.144*	504.21	0.146*
5	停车场	801.78	0.076*	46.56	0.077*	1.96	0.078**	208.69	0.079*
	小区	843.50	0.080*	68.80	0.081*	3.76	0.081*	341.45	0.081*
	学校	958.53	0.083*	89.97	0.084*	4.29	0.084*	403.41	0.083*
	广场	3 219.68	0.070*	213.53	0.070*	15.40	0.070*	1 319.87	0.069*
	屋顶	996.57	0.070*	61.01	0.070*	0.73	0.069*	322.63	0.068*
	马路	3 069.12	0.100*	185.52	0.099*	11.93	0.097*	1 245.63	0.096*
	人行道	986.01	0.090*	93.98	0.088**	5.84	0.087*	390.73	0.086*
6	停车场	2 250.00	0.079*	54.00	0.078*	2.20	0.078*	1 080.00	0.078*
	小区	2 550.00	0.083**	77.65	0.082*	2.54	0.083*	1 016.47	0.083**
	学校	2 550.00	0.078*	85.25	0.078*	4.05	0.078*	960.00	0.079*
	广场	4 350.00	0.078*	165.00	0.078**	16.40	0.079*	1 760.00	0.079*
	屋顶	1 080.00	0.074*	52.11	0.075*	0.53	0.075*	289.47	0.077*
	马路	6 450.00	0.079**	323.75	0.079*	16.50	0.081*	4 387.50	0.081*
	人行道	3 600.00	0.079*	160.00	0.081*	6.60	0.081*	2 362.50	0.082*

降雨场次	下垫面	COD		TN		TP		SS	
		M_i/mg	k_1	M_i/mg	k_1	M_i/mg	k_1	M_i/mg	k_1
7	停车场	2 232.00	0.088*	55.17	0.088*	2.64	0.089*	460.69	0.089*
	小区	2 472.00	0.088*	68.97	0.089*	2.87	0.089*	562.76	0.090*
	学校	3 312.00	0.088*	81.40	0.088*	6.40	0.089**	903.26	0.089*
	广场	3 912.00	0.089*	103.45	0.090*	15.52	0.090*	1 057.47	0.089*
	屋顶	3 072.00	0.088*	27.06	0.088*	1.19	0.087*	517.65	0.086*
	马路	8 472.00	0.090*	229.89	0.089*	22.99	0.088*	2 574.71	0.087*
	人行道	3 360.00	0.086*	102.38	0.085*	4.76	0.084*	1 000.00	0.083*

注：上标"*"表示模拟方程检验 $P \leqslant 0.05$，"**"表示 $P \leqslant 0.01$。

表 3.35　常规各指标（总量）在人工降雨事件中的 Grrottker 模型参数值

人工降雨	下垫面	COD		TN		TP		SS	
		M_i/mg	k_1	M_i/mg	k_1	M_i/mg	k_1	M_i/mg	k_1
I	停车场	2 300.00	0.101*	44.00	0.100*	1.60	0.099*	700.00	0.098*
	小区	2 500.00	0.100**	60.00	0.099*	2.30	0.098*	680.00	0.097**
	学校	2 200.00	0.099*	82.00	0.098*	3.30	0.097*	710.00	0.097*
	广场	3 200.00	0.098*	95.00	0.097*	15.00	0.097*	900.00	0.099*
	马路	3 600.00	0.097*	170.00	0.097**	14.00	0.099*	1 700.00	0.102*
	人行道	2 700.00	0.097*	46.00	0.099*	5.00	0.102*	1 000.00	0.103*
II	停车场	2 400.00	0.198*	36.00	0.204*	0.56	0.206**	640.00	0.202*
	小区	2 600.00	0.204*	58.00	0.206*	0.70	0.202*	610.00	0.196*
	学校	2 300.00	0.206*	80.00	0.202*	0.96	0.196*	600.00	0.194*
	广场	3 300.00	0.202*	140.00	0.196*	3.36	0.194*	740.00	0.198*
	马路	3 500.00	0.196*	180.00	0.194*	2.86	0.198*	1 640.00	0.202*
	人行道	3 100.00	0.194**	40.00	0.198*	1.30	0.202*	860.00	0.206*
III	停车场	2 800.00	0.248*	50.00	0.202*	0.62	0.258*	700.00	0.255*
	小区	3 100.00	0.253*	66.00	0.258*	0.72	0.255*	620.00	0.253*
	学校	2 500.00	0.258*	92.00	0.255*	1.10	0.253*	630.00	0.248**
	广场	3 500.00	0.255*	170.00	0.253*	3.80	0.248*	830.00	0.245*
	马路	4 300.00	0.253*	226.00	0.248*	3.20	0.245*	1 700.00	0.255*
	人行道	3 600.00	0.248*	46.00	0.245*	1.50	0.255*	1 000.00	0.248*

注：上标"*"表示模拟方程检验 $P \leqslant 0.05$，"**"表示 $P \leqslant 0.01$。

表 3.36　重金属各指标（总量）在自然降雨事件中的 Grrottker 模型参数值

降雨场次	下垫面	As M_f/μg	As k_1	Cd M_f/μg	Cd k_1	Cr M_f/μg	Cr k_1	Cu M_f/μg	Cu k_1	Mn M_f/μg	Mn k_1	Ni M_f/μg	Ni k_1	Pb M_f/μg	Pb k_1	Zn M_f/μg	Zn k_1
1	停车场	41.28	0.077*	1.38	0.077*	70.51	0.079*	370.51	0.081**	10 666.67	0.076*	40.38	0.076*	230.77	0.076*	8 615.38	0.078*
	小区	21.46	0.083*	1.26	0.082*	60.37	0.084*	263.41	0.084*	8 560.98	0.080*	32.93	0.080*	175.61	0.079*	8 390.24	0.080*
	学校	36.08	0.103*	1.17	0.103*	58.24	0.104*	298.04	0.098*	690.20	0.101*	32.94	0.101*	183.53	0.102*	4 313.73	0.099*
	广场	24.00	0.074*	2.95	0.076*	140.00	0.076*	744.00	0.072*	1 525.33	0.074*	82.67	0.074*	470.40	0.071*	16 120.00	0.076*
	屋顶	1.78	0.080*	0.09	0.082*	4.28	0.078*	17.44	0.078*	105.00	0.080*	2.25	0.080*	11.03	0.075*	348.75	0.081*
2	停车场	35.00	0.076*	0.83	0.077*	40.60	0.074*	184.43	0.072*	12 373.33	0.073*	23.15	0.073*	1.85	0.077*	5 536.00	0.077*
	小区	23.20	0.076*	0.89	0.076*	42.93	0.074*	196.59	0.075*	10 080.00	0.073**	24.96	0.073*	136.45	0.077*	6 346.67	0.077*
	学校	39.86	0.071*	0.96	0.069*	49.71	0.069*	256.54	0.066*	900.00	0.071*	27.77	0.071*	177.43	0.073*	6 000.00	0.069*
	广场	34.96	0.071*	3.25	0.068*	136.21	0.069**	711.94	0.065*	1 791.11	0.070*	65.52	0.070*	444.96	0.072*	11 122.22	0.067*
	屋顶	23.51	0.076*	0.72	0.074*	33.12	0.073*	142.88	0.077*	1 024.00	0.077*	23.15	0.077*	93.53	0.072*	8 800.00	0.074*
	马路	41.69	0.076*	1.85	0.076*	91.93	0.075*	431.82	0.079*	4 044.44	0.079*	49.52	0.079*	299.83	0.073*	8 711.11	0.078*
	人行道	24.11	0.075**	0.96	0.077**	46.65	0.077*	197.64	0.080*	2 272.65	0.075*	34.30	0.075*	132.60	0.075*	4 937.14	0.078*
3	停车场	71.75	0.073*	1.40	0.072*	66.08	0.075*	320.98	0.077*	12 272.87	0.072*	36.41	0.072*	207.69	0.076*	7 174.91	0.076*
	小区	33.84	0.074*	1.22	0.073*	58.16	0.077*	343.68	0.073*	9 834.48	0.075*	36.35	0.075*	212.82	0.079*	5 710.34	0.078*
	学校	56.64	0.079**	1.31	0.080*	65.09	0.081*	333.79	0.074*	788.97	0.080*	36.41	0.080*	197.75	0.084*	4 248.28	0.081*
	广场	32.83	0.077*	2.84	0.080*	113.33	0.078*	672.98	0.078*	1 757.58	0.081*	77.15	0.081*	413.64	0.084*	10 101.01	0.080**
	屋顶	25.24	0.075*	0.87	0.079*	42.24	0.075*	200.65	0.079*	1 112.73	0.080*	23.00	0.080*	129.82	0.081*	3 348.48	0.077*
	马路	63.52	0.078*	3.71	0.079*	186.67	0.076*	902.22	0.080*	4 092.41	0.079*	104.22	0.079*	591.11	0.079*	10 266.67	0.076*
	人行道	40.86	0.076*	0.98	0.074*	47.36	0.076*	231.88	0.080*	2 745.92	0.077*	26.27	0.077*	145.92	0.074*	2 928.98	0.073*
4	停车场	17.54	0.140*	0.61	0.133*	30.69	0.140*	73.07	0.145*	292.28	0.138*	14.61	0.138*	70.15	0.131*	1 315.26	0.134*
	小区	12.70	0.128*	0.32	0.125*	19.05	0.130*	38.10	0.131*	368.33	0.125*	15.24	0.125*	76.21	0.119*	1 460.61	0.123*
	学校	26.67	0.123*	0.64	0.127*	25.40	0.130*	114.31	0.129*	304.82	0.123*	20.32	0.123*	69.86	0.121*	1 333.60	0.125*
	广场	8.89	0.144*	1.62	0.151*	80.80	0.151*	192.57	0.146*	358.21	0.144*	20.74	0.144*	70.70	0.143*	1 939.20	0.147*

降雨场次	下垫面	As M_i/μg	As k_1	Cd M_i/μg	Cd k_1	Cr M_i/μg	Cr k_1	Cu M_i/μg	Cu k_1	Mn M_i/μg	Mn k_1	Ni M_i/μg	Ni k_1	Pb M_i/μg	Pb k_1	Zn M_i/μg	Zn k_1
4	屋顶	6.93	0.137*	0.43	0.143*	19.05	0.140*	56.27	0.133*	222.20	0.136*	13.13	0.136*	60.60	0.136*	865.71	0.140*
	马路	22.20	0.136*	1.85	0.139*	47.36	0.134*	259.00	0.127*	1 110.00	0.132*	41.44	0.132*	222.00	0.132*	1 480.00	0.136*
	人行道	6.72	0.146*	0.56	0.146*	23.53	0.140*	112.05	0.137**	168.07	0.141*	13.45	0.141*	67.23	0.146*	672.28	0.146*
	停车场	44.35	0.079*	1.00	0.077**	44.35	0.074*	177.38	0.074*	1 995.56	0.076*	22.17	0.076*	70.43	0.078*	5 634.51	0.078*
	小区	11.33	0.081*	0.49	0.078*	19.78	0.077*	77.39	0.078*	3 642.11	0.080*	8.50	0.080*	51.60	0.082*	4 856.14	0.081**
	学校	47.73	0.083*	1.02	0.080*	46.97	0.080*	191.19	0.080*	547.67	0.083*	21.91	0.083*	145.47	0.085*	3 911.89	0.084*
	广场	15.72	0.069*	2.09	0.066*	95.16	0.068*	375.43	0.070*	1 319.87	0.070**	44.23	0.070**	263.97	0.072*	12 773.39	0.070*
5	屋顶	10.81	0.068*	0.45	0.067*	21.25	0.068*	103.24	0.070**	791.92	0.070*	10.00	0.070*	61.59	0.072*	589.54	0.069*
	马路	17.12	0.096*	1.22	0.096*	57.49	0.099*	214.06	0.102*	2 385.24	0.101*	25.69	0.101*	165.64	0.102*	5 280.15	0.098*
	人行道	6.06	0.086*	0.44	0.088*	20.84	0.090*	75.45	0.093*	1 437.17	0.092*	9.77	0.092*	57.26	0.091*	976.82	0.088*
	停车场	74.25	0.078*	1.69	0.079*	60.75	0.082*	303.75	0.085*	1 687.50	0.082*	37.13	0.082*	195.75	0.080**	7 425.00	0.078*
	小区	41.29	0.083**	0.79	0.086*	41.29	0.087*	187.41	0.090*	1 080.00	0.086*	22.24	0.086*	127.06	0.083*	6 352.94	0.082*
	学校	57.38	0.079*	1.52	0.081*	77.63	0.082*	337.50	0.083*	708.75	0.080*	40.50	0.080*	236.25	0.077*	5 062.50	0.078*
	广场	43.88	0.079*	2.87	0.082*	148.50	0.082*	742.50	0.082*	1 451.25	0.079*	77.63	0.079**	472.50	0.075*	13 837.50	0.079*
6	屋顶	31.97	0.077*	1.95	0.078*	103.03	0.078*	177.63	0.076*	1 065.79	0.074*	53.29	0.074*	248.68	0.072*	3 339.47	0.078*
	马路	67.50	0.081*	2.87	0.082*	141.75	0.081*	540.00	0.078*	3 375.00	0.078*	67.50	0.078*	371.25	0.078*	13 837.50	0.082*
	人行道	47.25	0.082*	1.76	0.082*	87.75	0.080*	405.00	0.077*	2 362.50	0.078*	43.88	0.078*	249.75	0.083*	2 700.00	0.081*
	停车场	45.98	0.089*	2.07	0.089*	95.40	0.086*	459.77	0.082*	6 781.61	0.086*	57.47	0.086*	252.87	0.092*	5 747.13	0.085*
	小区	25.29	0.090*	1.15	0.088*	72.41	0.085*	229.89	0.082*	5 747.13	0.089*	32.18	0.089*	149.43	0.089*	5 517.24	0.084*
	学校	39.53	0.089*	2.09	0.086*	96.51	0.083*	418.60	0.084*	581.40	0.088*	53.49	0.089*	209.30	0.083*	3 488.37	0.085*
	广场	26.44	0.089*	3.22	0.086*	149.43	0.084*	678.16	0.091*	1 000.00	0.083*	86.21	0.088*	413.79	0.082*	13 793.10	0.088*
7	屋顶	18.82	0.086*	0.71	0.083*	30.59	0.084*	141.18	0.090*	552.94	0.083*	18.82	0.083*	70.59	0.083*	2 352.94	0.088*
	马路	40.23	0.087*	2.87	0.084*	137.93	0.089*	643.68	0.089*	1 379.31	0.084*	80.46	0.084*	402.30	0.089*	13 793.10	0.089*
	人行道	21.43	0.083*	1.19	0.081*	50.00	0.087*	226.19	0.081*	1 309.52	0.083*	30.95	0.083*	130.95	0.089*	1 785.71	0.085*

注：上标"*"表示模拟方程检验 $P \leqslant 0.05$，"**"表示 $P \leqslant 0.01$。

图 3.20 展示了不同降雨场次 COD 的浓度-时间变化过程，模拟效果都比较好，Nash-Sutcliffe（NS）相关系数检验都具有显著相关水平（表 3.34）。降雨过程中污染物浓度呈有规律的指数下降趋势，即使自然降雨强度引起了部分波动现象，其他研究也发现了类似规律（车伍等，2003；王和意，2005）。

各下垫面降雨前累积的污染物质量 M_i 具有较大差异性，而在相同降雨场次下不同下垫面和不同污染物指标的冲刷系数 k_1 的差异性却不大，并没有表现出统计上的差异性，主要是因为各下垫面都是非渗透下垫面，具有相同的坡面性质，同时各参数指标大多与 SS 和 COD 保持了较好的相关性，王宝山也发现了类似规律（王宝山，2011）。对于累积的污染物质量 M_i 已在第 2.1 节进行了讨论，本节重点探讨冲刷系数 k_1 与降雨之间的关系。从图 3.21 可以看出，冲刷系数 k_1 在不同的降雨场次之间表现出显著差异性，说明冲刷系数主要受到降雨的影响。进一步分析发现，相比于降雨量，冲刷系数 k_1 值与平均降雨强度具有更好的相关性，且进行了较好的线性拟合（$R^2=0.87$）（图 3.22），即冲刷系数 k_1 随着平均降雨强度的增强而增大，可以用公式 $k_1=0.003\,3q_{ave}+0.069\,2$ 表示，Egodawatta 等也发现了类似规律（Egodawatta et al.，2007）。

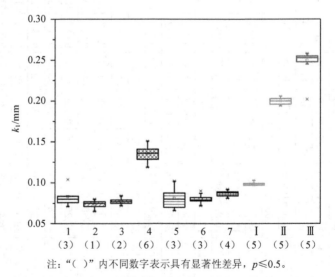

注："（ ）"内不同数字表示具有显著性差异，$p \leqslant 0.5$。

图 3.21 冲刷系数在各降雨场次分布情况

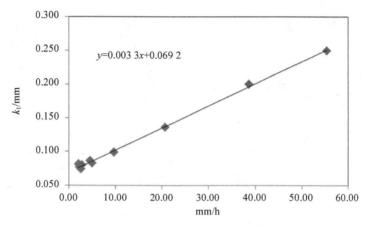

图 3.22　冲刷系数 k_1-平均降雨强度线性关系

3.3.2.2　初始冲刷效应分析——上海市各下垫面在不同降雨强度下的初始冲刷效应明显，不同下垫面间和不同污染物指标间无显著差异

由于降雨径流污染物溶解态中只有 TN 占较大比例，其余都是以颗粒态为主。所以对于初始冲刷效应，以污染物的总态研究为主，溶解态仅对 TDN 进行研究。由于篇幅原因，本书只是以 COD、TDN 为例展示了 10 个降雨场次累积的 COD、TDN 污染物质量 M 与累积的降雨径流量 V 之间的变化关系（图 3.23、图 3.24）。而其他指标拟合的 $M(V)$ 幂函数关系式只是以表格形式展示其初始冲刷系数参数 b 值和按照 30% 累积流量计算得到的累积污染负荷 MFF_{30}，拟合的 R^2 值都在 0.80 以上，由于篇幅原因，没有直接列出。

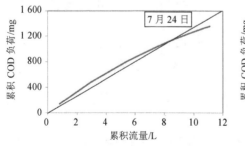
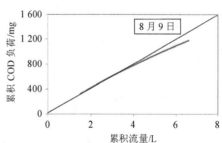

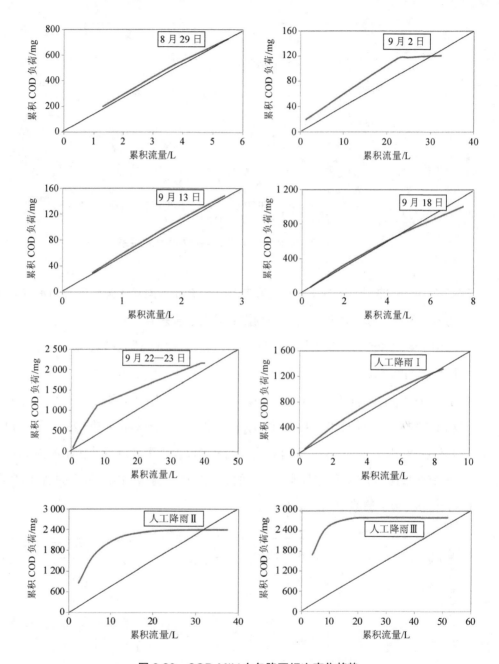

图 3.23　COD M(V)在各降雨场次变化趋势

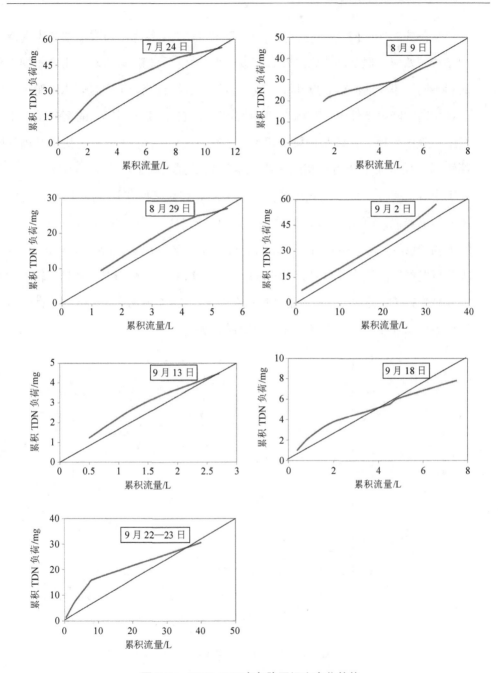

图 3.24　TDN *M*(*V*)在各降雨场次变化趋势

从图 3.23 和图 3.24 可以看出，COD 和 TDN 在各降雨场次基本都表现出了初始冲刷效应，但是冲刷强度却具有较大差异性，而相同降雨场次下，不同下垫面和不同污染物的冲刷强度却没有较大差异，且符合统计上的显著水平验证。同时在相同的降雨事件中，TDN 的冲刷强度高于 TN，说明污染物的溶解反应主要发生在降雨初期。在较小的降雨事件 2、3、5 和 6 中，污染物的初始冲刷强度都较弱，只有人工降雨Ⅲ初始冲刷强度达到了强烈水平，其余降雨场次基本都处于中等水平，不同平均强度的降雨场次间具有显著性差异（图 3.25），与常静研究结果类似，而 TDN 在所有降雨场次中都基本处于中等水平（图 3.26），说明污染物（总量）在不同降雨场次间的初始冲刷效应更加明显（常静，2007）。进一步分析发现，污染物（总量）初始冲刷强度 MFF_{30} 与平均降雨强度具有较好的相关性（图 3.27），并得到了较好的线性拟合关系：$MFF_{30}=0.01q_{ave}+0.337\,6$（$R^2=0.81$），即初始冲刷强度随着平均降雨强度的增强而增强。

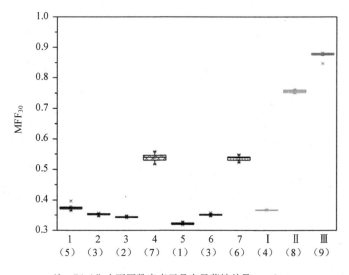

注："（ ）"内不同数字表示具有显著性差异，$p \leqslant 0.5$。

图 3.25 MFF_{30} 在各降雨场次分布情况

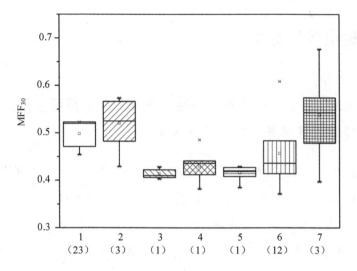

注："（　）"内不同数字表示具有显著性差异，$p \leqslant 0.5$。

图 3.26　TDN 的 MFF$_{30}$ 在各降雨场次分布情况

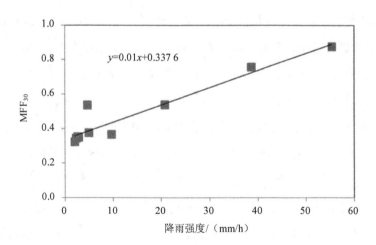

图 3.27　MFF$_{30}$-平均降雨强度线性关系

3.4 输出规律研究

3.4.1 EMC 分析——上海市降雨径流 EMC 与降雨前污染物质量成正比，与降雨径流量呈负对数函数关系

图 3.28、图 3.29 展示了 7 个非渗透下垫面常规指标和重金属指标在 10 场次降雨 EMC 浓度变化。从图 3.28 可以看出，降雨径流 COD 的 EMC 水平在广场和马路较高，屋顶较低，其余下垫面浓度基本接近。其中屋顶浓度显著低于北京硬质屋顶（欧阳威等，2010），商业广场区和马路与上海 2006 年研究结果相近（张善发等，2006），但显著高于西安市和美国城市（赵剑强等，2004；Barrett et al.，1995；Wu et al.，1998）。可能是由于物业管理水平问题，小区下垫面污染浓度低于上海市 2006 年和 2005 年污染浓度（张善发等，2006；王和意，2005）。TN 的 EMC 浓度在各下垫面变化较小，但总体来说，马路和广场浓度较高，王和意在 2005 年调研的居民、交通、商业和工业区 TN 平均浓度基本在 20 mg/L 左右（王和意，2005），显著高于本书各下垫面浓度水平。TP 的 EMC 水平在马路和广场的平均浓度达到了 0.75 mg/L，显著高于其他下垫面，TP 浓度显著低于北京 2010 年研究水平（欧阳威等，2010），和上海 2005 年报道水平接近（王和意，2005），稍高于美国奥斯汀 1995 年报道水平（Barrett et al.，1995）。SS 的 EMC 水平在马路最高，屋顶最低，其余各下垫面基本接近，各下垫面浓度显著低于上海市 2005 年和 2006 年报道浓度（王和意，2005；张善发等，2006），和美国伯明翰地区 1995 年报道浓度接近（Pitt et al.，1995），说明上海市近年来大气干沉降减少和城市清扫水平加强。NH_4^+ 浓度都比较低，除广场平均浓度接近 1.0 mg/L 以外，其余都低于 0.5 mg/L，整体浓度也显著低于上海市 2005 年报道的 2.0 mg/L（王和意，2005）。

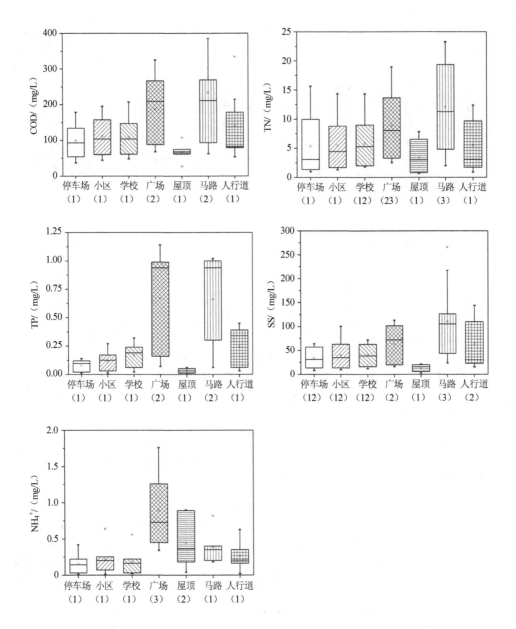

注："（　）"内不同数字表示差异显著，$P \leqslant 0.05$。

图 3.28　降雨径流常规指标 EMC

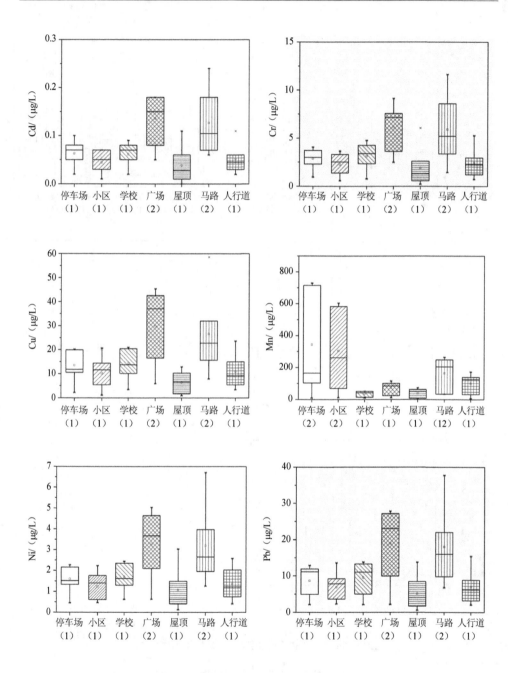

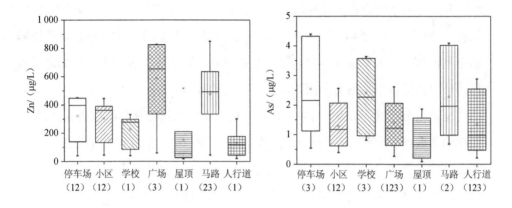

注:"( )"内不同数字表示差异显著,$P \leqslant 0.05$。

图3.29 降雨径流重金属指标 EMC

从图3.29可以看出,重金属 Zn 的 EMC 水平,马路和广场最高,屋顶和人行道最低,其余基本接近,其浓度水平低于上海市2005年、北京2010年和辛辛那提1997年的报道水平(王和意,2005;欧阳威等,2010;Sansalone et al.,1997),和法国巴黎地区1990年报道水平接近(Granier et al.,1990)。Cd 和 Cr 的 EMC 水平广场和马路稍高,但整体浓度水平较低,基本低于上海2006年、美国伯明翰1995和法国巴黎1990年1个数量级(张善发等,2006;Pitt et al.,1995;Granier et al.,1990),说明上海市有毒重金属的浓度逐年下降,处于较低水平。Cu 的 EMC 水平在广场和马路显著高于其他下垫面,整体水平和美国奥斯汀1995年、卡罗来纳州1998年和北京2010年报道水平接近(Barrett et al.,1995;Wu et al.,1998;欧阳威等,2010),显著低于上海2005年报道水平(王和意,2005)。Pb 在各下垫面变化趋势和其他金属一样,整体浓度显著低于上海2005年报道水平(王和意,2005),和美国伯明翰1995年和北京2010年报道水平相当(Pitt et al.,1995;欧阳威等,2010)。其他重金属 Ni 和 As 的浓度相对较低,Mn 的浓度相对较高。

从图3.28、图3.29可以看出,大部分污染物马路和广场浓度较高,而屋顶较低。主要是由于这些下垫面车辆和人员活动密集,下垫面沉积物显著高于其他区域，降雨冲刷下污染物释放量就更大（James et al.，1997）。但是，降雨径流 EMC 同样受降雨特征的影响，因为降雨量越大，稀释作用越强、浓度越低，所以降雨前下垫面沉积物累积情况和降雨量是影响 EMC 的 2 个主要因素，它们之间相互作用使具体降雨事件的影响因素较难针对性的分析。

从理论分析式（2.10）可以看出，降雨前下垫面污染物累积质量 M_i 只是一个简单的倍数系数，所以在具体分析过程中将（EMC/M_i）作为 EMC 冲刷系数 K_{EMC}，那么冲刷系数 K_{EMC} 只与径流量 Q_{TRu} 存在变量关系。经计算分析后发现，K_{EMC} 在同一场次降雨不同下垫面和不同污染物浓度之间变化很小且没有显著性差异，而在不同降雨场次之间存在显著性差异。将 10 场降雨径流量 Q_{TRu} 与 K_{EMC} 做数据拟合，发现 K_{EMC} 与 Q_{TRu} 存在负对数关系（图 3.30），且显著相关性达到了 0.83，张晶晶也报道了降雨径流污染物 EMC 与降雨量存在负相关关系（张晶晶，2011）。从图 3.30 可以看出，当径流量在 20 L/m^2（降雨量 20 mm 左右）以内时，K_{EMC} 随着 Q_{TRu} 的增大显著减小，此阶段的冲刷现象非常明显。但是当径流量 Q_{TRu} 在 20 L/m^2 以上逐渐增大时，K_{EMC} 变化逐渐减小，主要是因为下垫面的污染库有限，后期冲刷 EMC 水平已逐渐逼近雨水浓度。所以 EMC=M_i×（−0.019lnQ_{TRu}+0.097）。而 M_i 的具体值已在沉积物累积章节（第 3.2 节）进行了专门讨论。

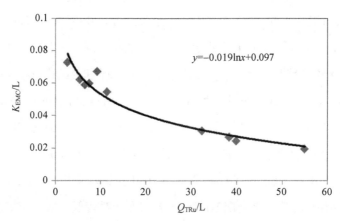

图 3.30　径流 EMC 冲刷系数 K_{EMC} 与径流量 Q_{TRu} 之间的关系

3.4.2　EPL 分析——降雨径流 EPL 与雨前污染物质量成正比，与降雨径流量呈正对数函数关系

图 3.31 和图 3.32 分别展示了 7 个下垫面在 10 场降雨中常规指标、重金属指标流失的 EPL 负荷变化范围。从图 3.31 可以看出，COD 和 TN 的 EPL 水平在各下垫面变化情况相似，屋顶最低，马路和广场稍高，其他下垫面基本接近。但它们 EPL 整体水平显著低于东莞市 2012 年报道水平（马英，2012），和西安市 2011 年报道水平接近（王宝山，2011）。TP 的 EPL 水平各下垫面差异较大，广场和马路变化范围较大，且显著高于其他下垫面，但整体水平显著低于东莞市 2012 年报道水平（马英，2012），高于西安市 2011 年报道水平（王宝山，2011）。SS 的 EPL 水平在马路最高，屋顶最低，其余下垫面接近。其浓度水平显著低于东莞市 2012 年报道水平（马英，2012），但也高于西安市 2011 年报道水平（王宝山，2011）。

从图 3.32 可以看出，重金属 Zn 和 Cu 的 EPL 水平广场和马路较高，其余各下垫面较为接近，低于东莞市 2012 年报道水平 1 个数量级（马英，2012）。其他重金属中 As、Cr 和 Ni 的重量水平基本接近，而 Cd 和 Pb 分别低于和高于东莞市 1 个数量级，Mn 和 Zn 的重量水平接近，它们在各下垫面浓度变化基本以马路和广场较高、屋顶最低，但变化趋势不完全一致。

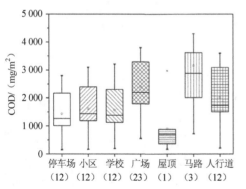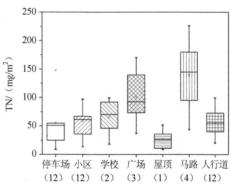

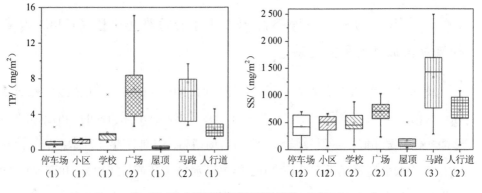

注："（ ）"内不同数字表示差异显著，$P \leqslant 0.05$。

图 3.31 降雨径流常规指标 EPL

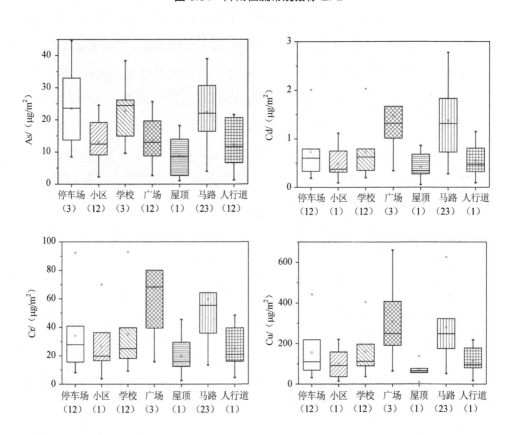

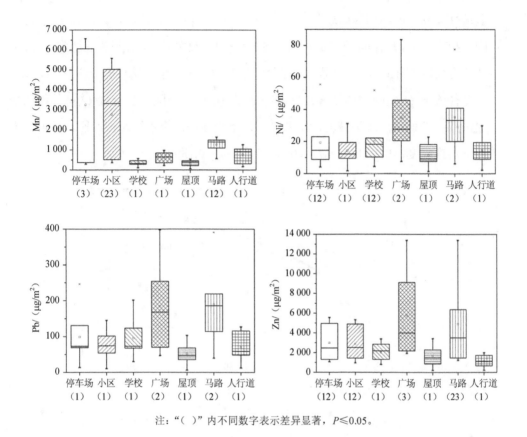

注:"（ ）"内不同数字表示差异显著，$P \leqslant 0.05$。

图 3.32　降雨径流重金属指标 EPL

　　从图 3.31、图 3.32 可以看出，各下垫面 EPL 水平基本以马路和广场最高，而屋顶最低。其主要原因是这些下垫面都是车辆和人口密集区域，其累积的污染物较多，所以在相同降雨特征时冲刷污染物量就更大。但是不一样的降雨特征，污染物的冲刷情况就不一致，所以下垫面污染物累积量和降雨特征是影响 EPL 的 2 个主要因素。

　　EPL 和污染物累积重量 M_i 成正比例关系，如果将（EPL/M_i）看作一个参数，即下垫面 EPL 的冲刷系数 K_{EPL} 就与径流量 Q_{TRu} 存在对数函数关系。经计算分析也发现，同一场次降雨的不同下垫面和不同污染物指标下的 K_{EPL} 变化不大且没有显著性差异。而不同降雨场次 K_{EPL} 存在显著差异性。将 K_{EPL} 与径流量 Q_{TRu} 进行回归拟合发现，K_{EPL} 与径流量 Q_{TRu} 存在较好的对数关系，拟合相关性达到了 0.86。从拟合曲线（图 3.33）可以看出，当径流量在 20 L/m^2（降雨量 20 mm）以内，K_{EPL} 随着径流量 Q_{TRu} 的增加显著升高，冲刷作用很强，但随着径流量 Q_{TRu} 的继续增加，K_{EPL} 冲刷作用逐渐减弱，主要是因为下垫面的污染物逐渐被冲刷，后期将逼近于洁净程度，所以 EPL$=M_i \times$（0.302 6 lnQ_{TRu}− 0.139 8）。

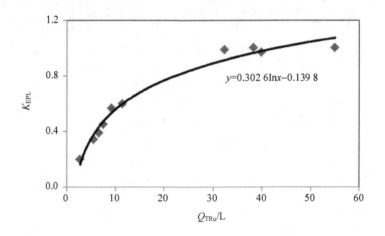

图 3.33 径流 EPL 冲刷系数 K_{EPL} 与径流量 Q_{TRu} 之间的关系

4 成都市城市面源污染特征研究

本章以成都市中心城区为例，开展降雨径流污染物来源、冲刷和输出特征研究，以期反映内陆特大城市面源污染特征。

4.1 物理、化学性质测定分析

成都市开展中心城区非渗透下垫面降雨径流污染的研究较少。张光岳在 2008 年报道了成都市道路降雨径流 COD 浓度在 307～1 284 mg/L，道路 COD 年负荷为 $3.1×10^4$ 吨左右（张光岳等，2008）。鲁雄飞在 2013 年采用人工降雨办法对一品天下大街道路降雨径流进行了研究，发现 COD 浓度范围在 157～317 mg/L（鲁雄飞，2013）。上面 2 个研究没有反映出成都市降雨径流污染空间性差异和降雨类型差异，没有得到污染物冲刷规律和输出规律。所以，本书系统研究成都市中心城区主要非渗透下垫面各类污染物的浓度范围、浓度变化情况以及相应水质评估。

4.1.1 浓度分布与水质评估——成都市中心城区各下垫面CODcr和TN都差于地表 V 类水质标准，重金属浓度总体不高，显著好于 2018 年和 2013 年的研究结果

图 4.1～图 4.9 列出了成都市中心城区屋面、小区和马路下垫面降雨径流不同污染物的浓度分布，其中 COD、TN 超过IV类水质标准的频次为 74.5%，浓度显著低于张光岳等在 2008 年及鲁雄飞在 2013 年的研究报道（张光岳等，2008；鲁雄飞，2013）。其他指标如 TP 超过III类水质标准的频次为 41.8%，超过 V 类水质

标准的频次为 9.2%；石油类超过Ⅳ类水质标准的频次为 28.6%，超过Ⅴ类水质标准的频次为 11.2%；Cr 超过Ⅲ类水质标准的频次为 3.1%；Pb 超过Ⅲ类水质标准的频次为 6.1%；Cd 超过Ⅲ类水质标准的频次为 1.0%；As 都在Ⅲ类水质标准以内；Hg 超过Ⅳ类水质标准的频次为 2.0%。在成都的实践二研究与在上海的实践一研究类似：COD 和 TN 总量基本都超过了地表Ⅴ类水质标准；TP 总量基本在地表Ⅲ类水以内，各重金属指标基本都在地表Ⅲ类水质以内。COD、TN 和 TP 三参数研究结果和国内一些城市基本相当（田少白，2013；马英，2012），但显著高于美国一些大中城市的监测结果（EPA，1983）。重金属指标基本低于常静在 2007 年和张晶晶在 2011 年对上海市的研究结果（常静，2007；张晶晶，2011）。

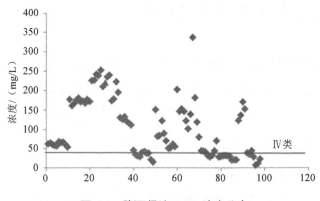

图 4.1　降雨径流 COD 浓度分布

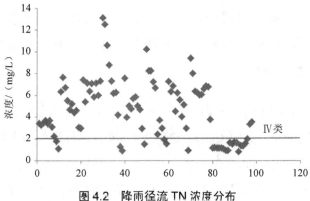

图 4.2　降雨径流 TN 浓度分布

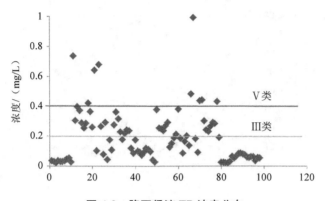

图 4.3　降雨径流 TP 浓度分布

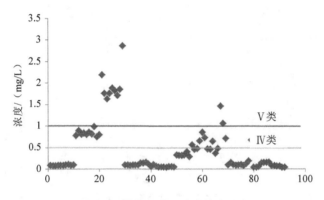

图 4.4　降雨径流石油类浓度分布

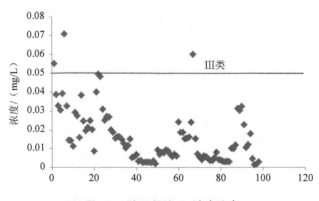

图 4.5　降雨径流 Cr 浓度分布

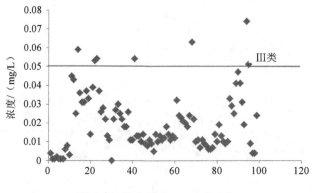

图 4.6　降雨径流 Pb 浓度分布

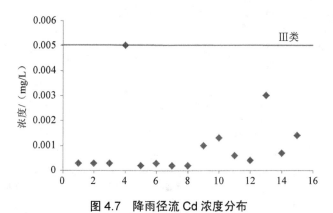

图 4.7　降雨径流 Cd 浓度分布

图 4.8　降雨径流 As 浓度分布

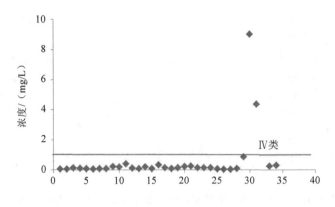

图 4.9　降雨径流 Hg 浓度分布

4.1.2　固液分配比例分析——成都市中心城区降雨径流 TP 颗粒态约 50%，COD_Cr 颗粒态约 40%，总体低于其他城市

图 4.10～图 4.12 展示了降雨径流常规指标在 4 个下垫面溶解态占总态比例的分布情况。COD 溶解态占总态的比例为 35.82%～91.30%，平均值为 67.23%。除屋顶比例稍大（为 78.21%）以外，其余各下垫面比例基本在 60%左右；TP 溶解态占总态的比例为 20.91%～86.30%，平均值为 52.62%，屋顶达到 78.79%；TN 溶解态占总态比例较高，为 53.26%～97.40%，平均值为 79.46%，屋顶溶解态比例稍高，为 88.60%。不同下垫面比较来看，屋顶溶解态比例较高，小区溶解态比例较低。各下垫面除屋顶较高以外，其余固液分配比例变化不大。降雨径流 TP 有接近 50%主要是以颗粒态形态存在，与其他研究结果类似，而 COD 指标溶解态比例稍高于作者 2015 年在上海的研究（后者以颗粒态为主）（马英，2012；周栋，2013）。由于含氮化合物溶解性较强，所以降雨径流 TN 以溶解态为主（Taylor et al.，2005）。

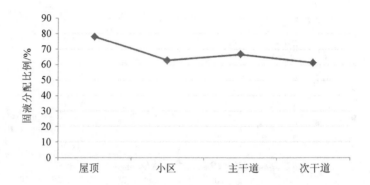

图 4.10　COD 在不同下垫面降雨径流固液分配平均比例（溶解态/总态）

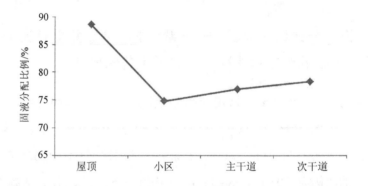

图 4.11　TN 在不同下垫面降雨径流固液分配平均比例（溶解态/总态）

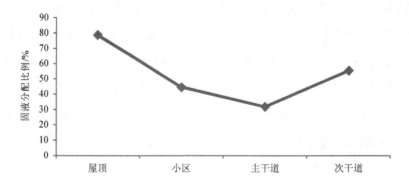

图 4.12　TP 在不同下垫面降雨径流固液分配平均比例（溶解态/总态）

4.1.3 相关性分析——成都市降雨径流 SS 指标与营养盐、有机物及重金属都具有显著相关性

从表 4.1 可以看出，SS 和营养盐、有机物和重金属都具有显著相关性，与 COD 的相关性达到 0.84，COD 与各指标也具有显著相关性，与 TP、TN、石油类、Cr 和 As 的相关性都在 0.45 以上，说明这几类污染物很大一部分来源于有机物。Cr、Pb、As 和 SS 的相关性为 0.41～0.54，说明三种重金属很大一部分也来源于颗粒物。三种重金属之间的相关性不强，说明具有不同的来源。在成都的研究与在上海的研究、Sansalone、魏孜和周栋研究结果比较接近，SS 和 COD 与大多数指标都具有较好的相关性（Sansalone et al.，2005；魏孜，2011；周栋，2013）。

表 4.1 降雨径流各污染指标相关性分析

	浊度	TP	TN	COD	石油类	铬	铅	砷
SS	0.97**	0.49**	0.39**	0.84**	0.62**	0.54**	0.41**	0.43**
浊度		0.45**	0.38**	0.83**	0.63**	0.57**	0.44**	0.36**
TP			0.53**	0.56**	0.37**	0.27**	0.19	0.54**
TN				0.45**	0.22*	0.08	0.04	0.61**
COD					0.76**	0.57**	0.35**	0.47**
石油类						0.41**	0.22*	0.22*
铬							0.26**	0.1
铅								0.08

注：**表示极显著相关，*表示显著相关。

4.2 来源分析研究

近年来，成都市中心城区沉积物重量分布、粒径组成和污染物含量的系统报道较少，所以本书通过对不同下垫面进行大量采样研究沉积物的物理化学性质，为成都市降雨径流污染物溯源提供依据。

4.2.1 沉积物的重量、污染浓度测定分析——成都市中心城区各下垫面沉积物绝大部分重金属浓度显著高于土壤背景值

地表沉积物的物质组成、有害元素含量及其赋存形式,与城市各类污染紧密相关。通过对城市灰尘污染现状的评估,可以发现城市环境污染状况。从表 4.2 可以看出,沉积物中重金属除 As 和 Ni 外,其余指标浓度都比土壤背景值高很多,说明颗粒物在迁移过程中受到污染物富集或者是颗粒物来源本身浓度就较高。成都的研究与在上海的研究结果比较,成都市各非渗透下垫面 TOC、TP、As、Cd、Cu、Mn、Pb、Zn 浓度基本相当,成都市的 Cr 元素浓度高于上海。总体上,Zn、Pb 和 Cd 与常静在 2007 年、张菊在 2005 年,李章平等在 2006 年、郭琳等在 2003 年、Li 等在 2001 年、Yun 等在 2002 年、Lee 等在 1998 年、Charlesworth 等在 2001 年以及在 2003 年含量接近,表明非渗透下垫面沉积物重金属富集污染是城市的共同问题(常静,2007;张菊,2005;蒋海燕,2005;李章平等,2006;郭琳等,2003;Li et al.,2001;Yun et al.,2002;Lee et al.,1998;Charlesworth et al.,2001;Charlesworth et al.,2003)。

表 4.2 成都市非渗透下垫面沉积物污染物浓度分布

	TOC/%	N/(μg/g)	P/(μg/g)	As/(μg/g)	Hg/(μg/g)	Ca/%	Cd/(μg/g)	Cr/(μg/g)	Cu/(μg/g)
平均值	6.06	3 188.81	1 047.02	5.41	56.10	6.34	1.08	165.84	95.40
标准差	4.14	2 396.61	553.86	2.57	221.38	5.18	0.97	214.20	85.94
土壤背景值		(1445)	(788)	(15.00)[1]	(0.15)[1]		(0.20)[1]	(90.00)[1]	(35.00)[1]

	Fe/%	K/%	Mn/(μg/g)	Na/%	Ni/(μg/g)	Pb/(μg/g)	Zn/(μg/g)	萘/(μg/g)	二氢苊/(μg/g)
平均值	3.72	1.45	684.03	1.74	30.14	87.76	429.04	0.02	0.01
标准差	1.17	0.22	170.17	0.55	14.54	79.32	427.27	0.03	0.01
土壤背景值					(40.00)[1]	(35.00)[1]	(100.00)[1]		

注:"( )"为土壤背景值,其中上标 1 为成都市土壤背景值。

4.2.2　粒径分布——成都市中心城区沉积物粒径分布均匀，黏土级比例小于上海市

从表 4.3 可以看出，在 5 个粒径分级重量比例中，除大于 500 μm 粒径级别外，其余 4 个粒径级别的重量百分比基本相当。其中，小于 63 μm（黏土级）沉积物所占比例小于作者 2015 年在上海和常静 2007 年在上海研究的 30% 的水平比例，说明成都市吸尘处理对于细颗粒的去除效果较好（常静，2007）。大量研究表明，小粒径颗粒物（<63 μm）的转移性较强，很容易迁移到大气中和径流中去。

表 4.3　不同区域沉积物粒径分布

总重量	粒径分级（>500 μm）	粒径分级（>250 μm）	粒径分级（>125 μm）	粒径分级（>63 μm）	粒径分级（<63 μm）
平均值	14.10%	21.23%	23.27%	21.13%	20.27%
标准差	12.49%	6.02%	5.80%	6.43%	10.99%

4.2.3　粒级效应——成都市中心城区沉积物基本遵循颗粒物粒径越大，污染物质量分布越小的规律

图 4.13～图 4.22 列出了成都市非渗透下垫面沉积物不同指标在不同粒级范围内的质量百分比。大部分指标都遵循随着颗粒物粒径增大，污染物质量分布百分比逐渐减小的趋势，不仅是因为细颗粒具有较大的重量比例，还因为细颗粒具有较大比表面积，对污染物吸附能力更强，造成污染物浓度更大，常静和王小梅也发现了类似规律（常静，2007；王小梅，2011）。

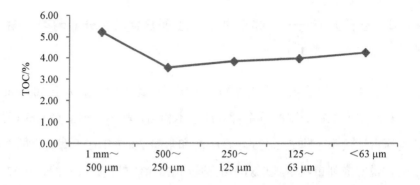

图 4.13　成都市非渗透下垫面不同粒径 TOC 浓度

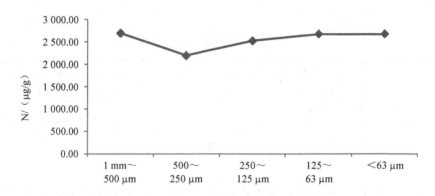

图 4.14　成都市非渗透下垫面不同粒径 N 浓度

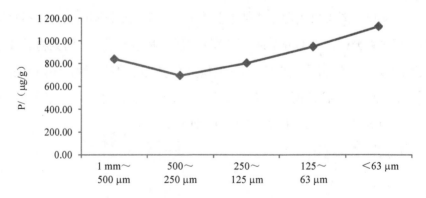

图 4.15　成都市非渗透下垫面不同粒径 P 浓度

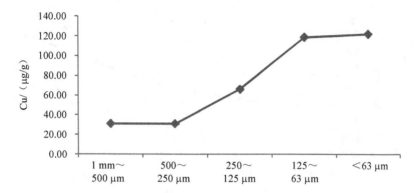

图 4.16 成都市非渗透下垫面不同粒径 Cu 浓度

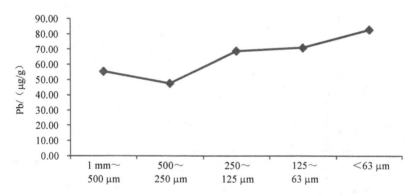

图 4.17 成都市非渗透下垫面不同粒径 Pb 浓度

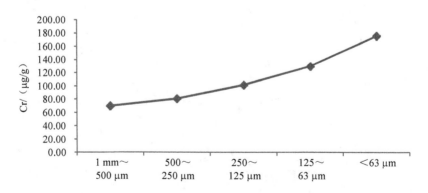

图 4.18 成都市非渗透下垫面不同粒径 Cr 浓度

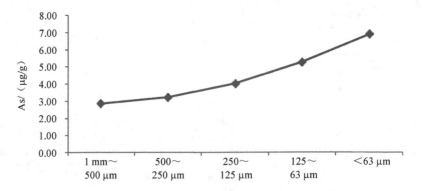

图 4.19　成都市非渗透下垫面不同粒径 As 浓度

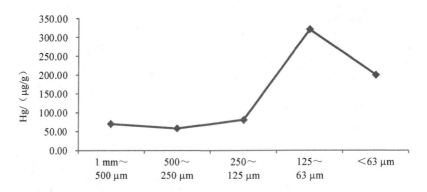

图 4.20　成都市非渗透下垫面不同粒径 Hg 浓度

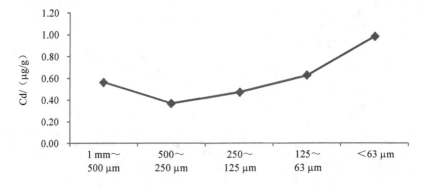

图 4.21　成都市非渗透下垫面不同粒径 Cd 浓度

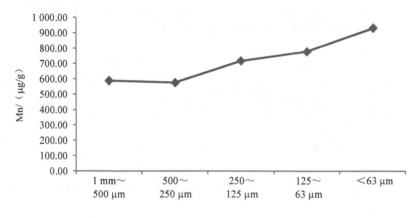

图 4.22　成都市非渗透下垫面不同粒径 Mn 浓度

4.2.4　不同区域沉积物分布特征分析——成都市各下垫面沉积物重量—环内较低，外围重量相对较高

从图 4.23～图 4.26 可以看出，从颗粒物重量分布来讲，马路下垫面一环内相对较低，外围三环至四环相对较高，说明中心城区中心区域城市管理水平较高。高新区人流量相对较小，颗粒物重量分布最低，建设区域周边因建设工地影响，颗粒物分布较高，特别是工地周围的道路。小区下垫面变化不大。不同下垫面比较发现，小区颗粒物重量分布相对较低，道路和屋顶重量比例相当，均相对较高。在成都的实践二研究与在上海的实践一研究的平均值为 4.9～8.25 g/m^2 的结果相当。下垫面沉积物重量分布可以反映出城市大气颗粒物浓度和清扫水平，从区域比较来看，本研究结果显著低于成都 1991 年和长沙 2003 年沉积物重量（施为光，1991；郭琳等，2003），和 Herngren 等 2006 年、Bris 等 1999 年、Ball 等 1998 年研究水平相当，说明上海城市综合管理水平较好（Herngren et al.，2006；Bris et al.，1999；Ball et al.，1998）。从时间跨度来看，本研究也低于上海市 2007 年的研究水平，说明成都市的城市综合管理水平逐年加强（常静，2007）。

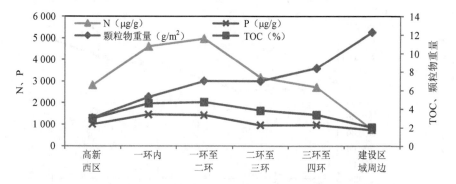

图 4.23 成都市马路下垫面不同区域颗粒物和营养元素浓度分布趋势

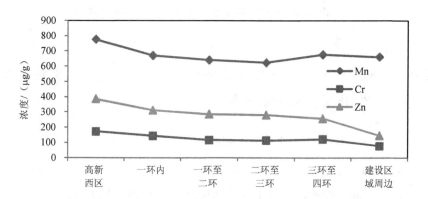

图 4.24 成都市马路下垫面不同区域颗粒物和 Mn 等金属元素浓度分布趋势

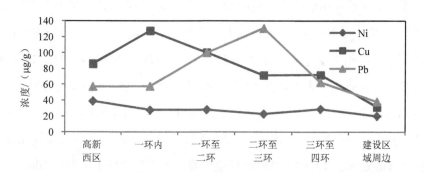

图 4.25 成都市马路下垫面不同区域颗粒物和 Ni 等金属元素浓度分布趋势

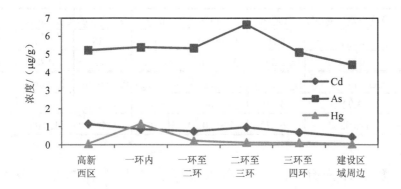

图 4.26　成都市马路下垫面不同区域颗粒物和 Cd 等金属元素浓度分布趋势

4.2.5　城市管理影响——加强道路清扫和冲洗使沉积物重量大幅下降

重污染天气期间，成都市启动应急预案，加强道路冲刷频次。通过 5 d 采样结果发现（表 4.4），重污染天气道路颗粒物分布从 5.92 g/m² 降低到 1.16 g/m²，说明加强城市管理能大幅削减地表沉积物重量分布，但是元素浓度之间大多没有显著差异。这与降雨冲刷的作用基本相当（表 4.5），降雨后路面沉积物会显著降低到一个很低的水平，TOC、N、P 降雨后也有大幅削减，其他元素没有显著差异。

表 4.4　重污染天气颗粒物和各元素浓度分布

	颗粒物重量/（g/m²）	As/（μg/g）	Hg/（μg/g）	Cd/（μg/g）	Cr/（μg/g）	Cu/（μg/g）
春季普通天气	5.29	5.38	1.15	0.85	144.05	127.72
重污染天气	1.16	6.90	0.11	0.97	111.90	134.60
	Mn/（μg/g）	Ni/（μg/g）	P/（μg/g）	Pb/（μg/g）	Zn/（μg/g）	
春季普通天气	670.14	28.03	1 458.77	57.71	311.84	
重污染天气	631.39	29.45	1 051.76	88.88	401.69	

表 4.5 降雨前后颗粒物和各元素浓度分布

	颗粒物重量/（g/m²）	TOC/%	N/（μg/g）	P/（μg/g）	As/（μg/g）	Cd/（μg/g）	Cr/（μg/g）
降雨前	2.21	8.20	6 760.60	1 076.60	4.38	1.00	146.80
降雨后	0.58	5.59	3 649.20	987.20	5.05	0.78	118.76
	Cu/（μg/g）	Hg/（μg/g）	Mn/（μg/g）	Ni/（μg/g）	Pb/（μg/g）	Zn/（μg/g）	
降雨前	73.92	144.46	501.00	30.88	189.80	382.20	
降雨后	120.92	167.72	730.20	32.16	114.96	418.00	

4.2.6 输出结果分析——成都市绕城内下垫面沉积物重量分布约 1 257.8 t

成都市中心城区（以绕城内计），通过 GIS 提取出各区域面积，然后计算出各区域间沉积物分布（图 4.27），绕城内大致沉积物重量分布为 1 257.8 t，小区路面相对较少，仅为屋顶和马路的 10%左右，除小区外，马路和屋顶下垫面在外围分布较高。从沉积物粒径分布来看（图 4.28），小于 63 μm 的大约有 254.97 t，表明这部分沉积物容易向大气和水体转移。根据上海市实践一的研究结果，非渗透下垫面地表沉积物饱和稳定的周期大约为 5 d，以此推算，成都市沉积物每年潜在的输出量为 $9.181\,948×10^4$ t（表 4.6）。各元素输出的结果可以看出马路和屋顶的污染物分布较大，特别是马路，应为城市管理的重点对象。

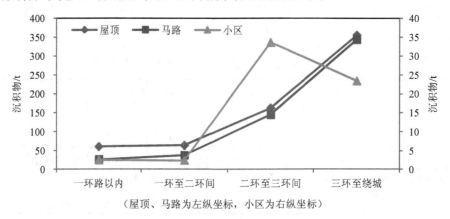

（屋顶、马路为左纵坐标，小区为右纵坐标）

图 4.27 成都市各区域间沉积物分布

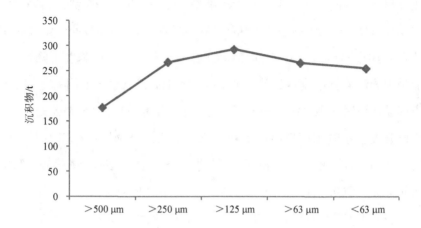

图 4.28　成都市非渗透下垫面不同粒径沉积物分布

表 4.6　成都市各区域间沉积物潜在分布　　　　　　　　单位：t/a

	一环路以内	一环至二环间	二环至三环间	三环至绕城	小计	合计
屋顶	4 451.65	4 703.88	11 872.00	25 922.31	46 949.84	
马路	1 918.33	2 761.25	10 591.95	25 077.19	40 348.72	
小区	181.04	172.83	2 455.78	1 711.27	4 520.92	91 819.48

4.3　冲刷规律研究

近年来，成都市中心城区降雨径流污染物冲刷规律的系统报道较少，所以本书通过对不同下垫面的时间浓度关系进行研究，为掌握成都市降雨径流污染物初期冲刷效应等规律提供依据。

成都市各下垫面在不同降雨强度下降雨径流浓度衰减有差异，初期 10 mm 降雨能基本确定初期效应。在 2016 年的 4 次采样中，9 月 18—19 日强度为中雨且采样完整（图 4.29），为一次有效的降雨事件，可作为浓度-时间过程线的分析。图 4.29～图 4.41 为屋面、小区、马路主干道、马路次干道 4 个下垫面不同污染物浓度-时间变化过程。在屋面下垫面中，几种污染物浓度基本呈下降趋势，初期效应明显。但 COD、TN、TP 和 SS 在降雨事件中间阶段因为降雨量变小，浓度有短时上升现象。在小区下垫面，Pb、石油类和 Cr 在整个降雨过程中浓度下降趋势不明显，可能是因为污染物浓度本身就很低的原因；TN 和 As 浓度下降趋势明显，初期效应明显，说明这两个指标容易发生迁移；COD、TP 和 SS 整体处于下降趋势，但降雨强度变小时浓度也出现上升现象，说明污染物以颗粒态为主。在马路主干道下垫面，各污染物指标和其他下垫面一样，总体处于下降趋势，其中 TN 趋势明显，SS、COD、TP、石油类、Ar、Cr、Pb 在降雨量变小时有短时上升现象，次干道和主干道的变化过程基本一致。在成都的实践二研究与在上海的实践一研究结果类似，虽然存在部分波动现象，但整个降雨过程污染物浓度呈有规律的指数下降规律趋势（车伍等，2003；王和意，2005）。

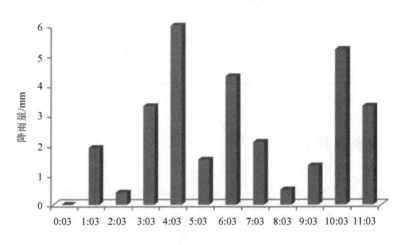

图 4.29　9 月 18—19 日逐小时降雨量

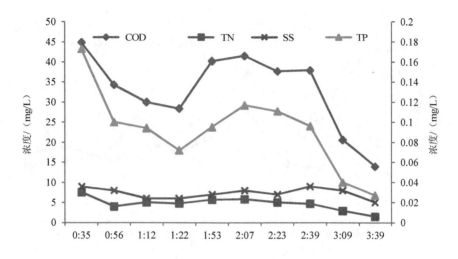

（COD、SS 为左纵坐标，TN、TP 为右纵坐标）

图 4.30　屋顶降雨径流 COD、TN、SS 和 TP 变化过程

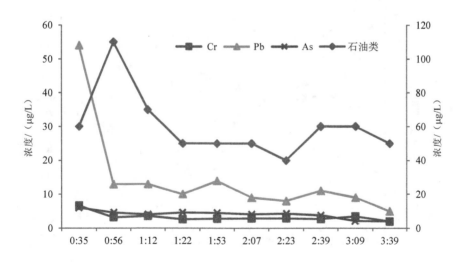

（Cr、Pb、As 为左纵坐标，石油类为右纵坐标）

图 4.31　屋顶降雨径流 Cr、Pb、As 和石油类变化过程

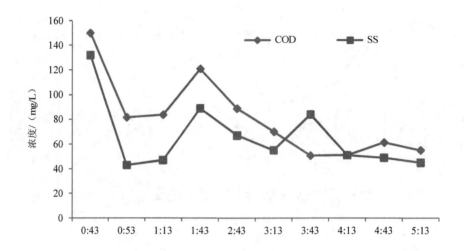

图 4.32　小区降雨径流 COD 和 SS 变化过程

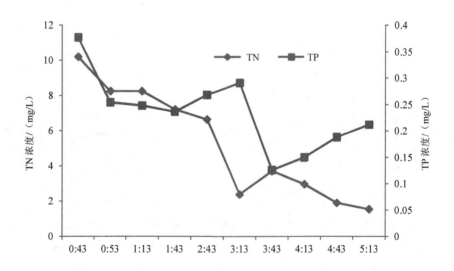

图 4.33　小区降雨径流 TN 和 TP 变化过程

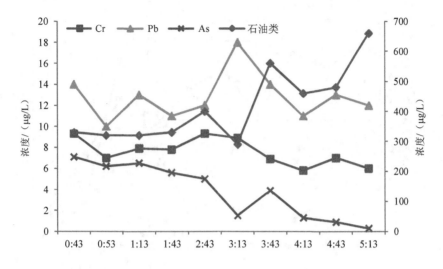

（Cr、Pb、As 为左纵坐标，石油类为右纵坐标）

图 4.34　小区降雨径流 Cr、Pb、As 和石油类变化过程

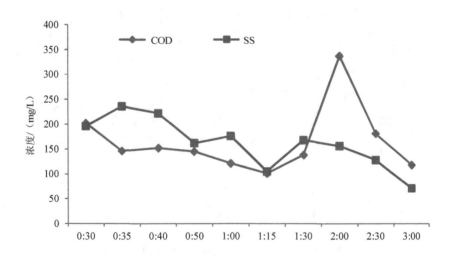

图 4.35　马路主干道降雨径流 COD 和 SS 变化过程

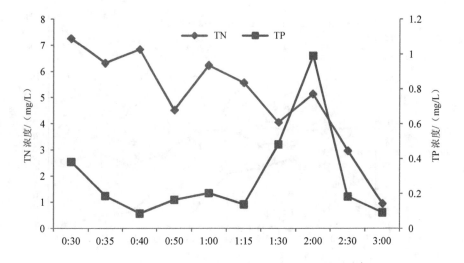

图 4.36　马路主干道降雨径流 TN 和 TP 变化过程

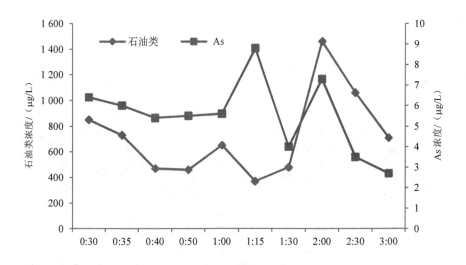

图 4.37　马路主干道降雨径流石油类和 As 变化过程

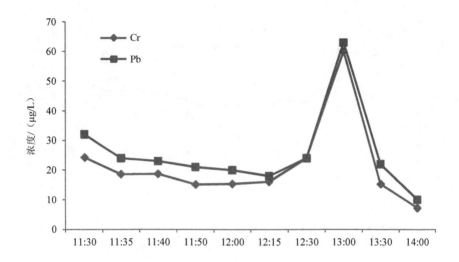

图 4.38　马路主干道降雨径流 Cr 和 Pb 变化过程

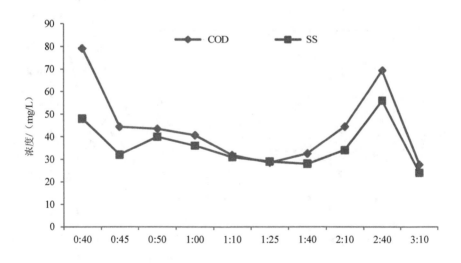

图 4.39　马路次干道降雨径流 COD 和 SS 变化过程

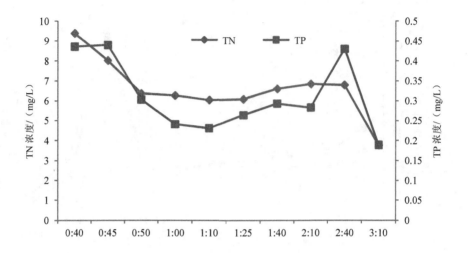

图 4.40 马路次干道降雨径流 TN 和 TP 变化过程

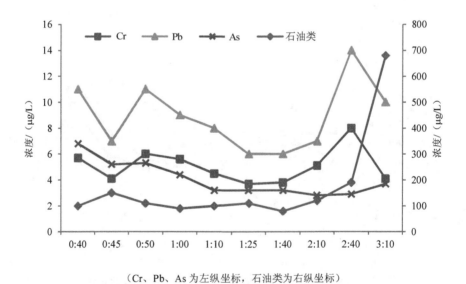

（Cr、Pb、As 为左纵坐标，石油类为右纵坐标）

图 4.41 马路次干道降雨径流 Cr、Pb、As 和石油类变化过程

4.4　输出规律研究

近年来，成都市中心城区降雨径流污染物输出规律的系统报道较少，所以本书通过对不同下垫面的场次降雨事件平均浓度、单位面积场次降雨事件污染负荷和面源污染输出总负荷进行研究，为掌握成都市中心城区面源污染程度提供依据。

4.4.1　EMC分析——成都市中心城区马路EMC水平高于小区和屋顶，处于国内较低水平

成都市降雨径流COD的EMC水平马路较高，屋顶较低。其中屋顶浓度显著低于北京硬质屋顶（欧阳威等，2010），商业广场区和马路与上海2006年研究结果相近（张善发等，2006），但显著高于西安市和美国城市（赵剑强等，2004；Barrett et al.，1995；Wu et al.，1998）。可能是由于物业管理水平问题，小区下垫面低于上海市2006年和2005年的污染浓度（张善发等，2006；王和意，2005）。TN的EMC浓度在各下垫面变化较小，屋顶浓度较高，王和意在2005年调研的居民、交通、商业和工业区TN平均浓度基本在20 mg/L左右，显著高于本书各下垫面浓度水平（王和意，2005）。TP的EMC水平在屋顶的平均浓度达到了0.75 mg/L，显著高于其他下垫面，TP浓度显著低于北京2010年研究水平（欧阳威等，2010），和上海2005年报道水平接近（王和意，2005），稍高于美国奥斯汀1995年报道水平（Barrett et al.，1995）。SS的EMC水平马路最高，屋顶最低，其余各下垫面基本接近，各下垫面浓度显著低于上海市2005年和2006年报道浓度（王和意，2005；张善发等，2006），和美国伯明翰地区1995年报道浓度接近（Pitt et al.，1995），说明成都市近年来大气干沉降减少和城市清扫水平加强。

成都市降雨径流重金属Zn的EMC水平马路最高，屋顶和小区较低，其浓度水平低于上海市2005年、北京2010年和辛辛那提1997年的报道水平，和法国巴黎地区1990年报道水平接近（王和意，2005；欧阳威等，2010；Sansalone et al.，

1997；Granier et al.，1990）。Cr 的 EMC 水平马路稍高，但整体浓度水平较低，基本低于上海 2006 年、美国伯明翰 1995 年和法国巴黎 1990 年 1 个数量级，说明成都市有毒重金属的浓度逐年下降，处于较低水平（张善发等，2006；Pitt et al.，1995；Granier et al.，1990）。Cu 的 EMC 水平在马路显著高于其他下垫面，整体水平与美国奥斯汀 1995 年、卡罗来纳州 1998 年和北京 2010 年报道水平接近（Barrett et al.，1995；Wu et al.，1998；欧阳威等，2010），显著低于上海 2005 年报道水平（王和意，2005）。Pb 在各下垫面变化趋势和其他金属一样，整体浓度显著低于上海 2005 年报道水平（王和意，2005），与美国伯明翰 1995 年和北京 2010 年报道水平相当（Pitt et al.，1995；欧阳威等，2010）。其他重金属 Ni 和 As 的浓度相对较低，Mn 的浓度相对较高。

从图 4.42～图 4.46 可以看出，大部分污染物马路浓度较高，而屋顶较低。主要是由于这些下垫面车辆和人员活动密集，马路下垫面沉积物显著高于其他区域，降雨冲刷下污染物释放量就更大（James et al.，1997）。但是，降雨径流 EMC 同样受降雨特征的影响，因为降雨量越大，稀释作用越强、浓度越低，所以降雨前下垫面沉积物累积情况和降雨量是影响 EMC 的 2 个主要因素，它们之间相互作用使具体降雨事件的影响因素较难有针对性的分析。

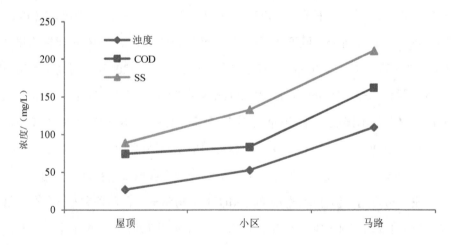

图 4.42　成都市各类非渗透下垫面降雨径流场次 COD 等平均浓度

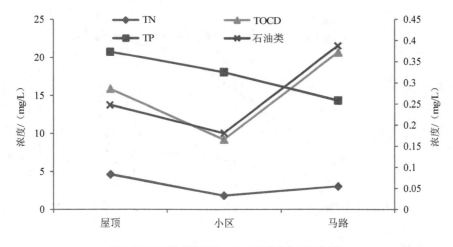

（TN、TOCD 为左纵坐标；TP、石油类为右纵坐标）

图 4.43　成都市各类非渗透下垫面降雨径流场次 TN 等平均浓度

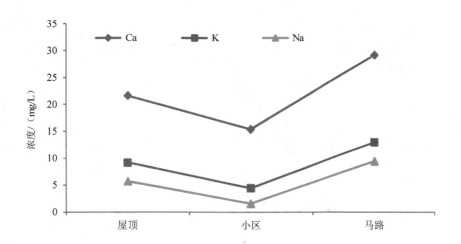

图 4.44　成都市各类非渗透下垫面降雨径流场次 K 等平均浓度

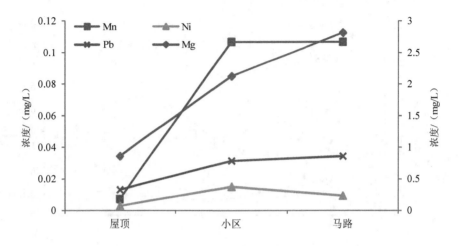

（Ni、Pb、Mg 为左纵坐标；Mn 为右纵坐标）

图 4.45　成都市各类非渗透下垫面降雨径流场次 Mn 等平均浓度

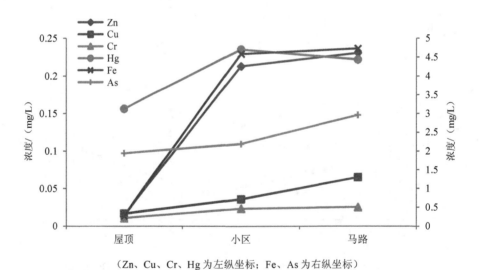

（Zn、Cu、Cr、Hg 为左纵坐标；Fe、As 为右纵坐标）

图 4.46　成都市各类非渗透下垫面降雨径流场次 Zn 等平均浓度

4.4.2 EPL 分析——成都市中心城区 EPL 马路最高，COD$_{Cr}$年输出总量达到 1.788 8×10^4 t

从图 4.47、图 4.48 可以看出，COD 和 TN 的 EPL 水平在各下垫面变化情况相似，屋顶最低，马路稍高。但它们 EPL 整体水平显著低于东莞市 2012 年报道水平（马英，2012），和西安市 2011 年报道水平接近（王宝山，2011）。TP 的 EPL 马路变化范围较大，且显著高于其他下垫面，但整体水平显著低于东莞市 2012 年报道水平（马英，2012），高于西安市 2011 年报道水平（王宝山，2011）。SS 的 EPL 水平在马路最高，屋顶最低，其余下垫面接近。其浓度水平显著低于东莞市 2012 年报道水平（马英，2012），但也高于西安市 2011 年报道水平（王宝山，2011）。

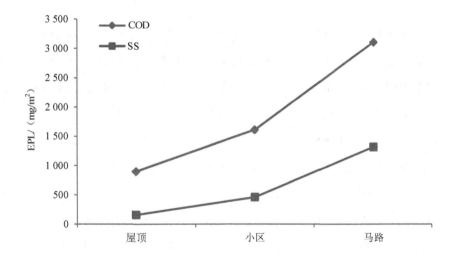

图 4.47 成都市各类非渗透下垫面降雨径流场次 COD 和 SS 平均 EPL

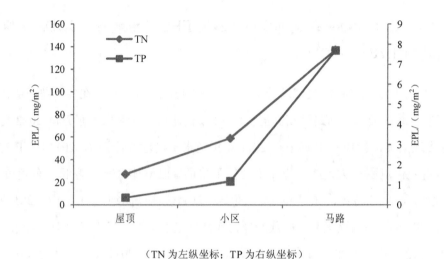

（TN 为左纵坐标；TP 为右纵坐标）

图 4.48　成都市各类非渗透下垫面降雨径流场次 TN 和 TP 平均 EPL

从图 4.49～图 4.51 可以看出，重金属 Zn 和 Cu 的 EPL 水平马路较高，其余各下垫面较为接近，低于东莞市 2012 年报道水平 1 个数量级（马英，2012）。其他重金属中 As、Cr 和 Ni 的重量水平基本接近，而 Cd 和 Pb 分别低于和高于东莞市 1 个数量级，Mn 和 Zn 的重量水平接近，它们在各下垫面浓度变化基本以马路较高、屋顶最低，但变化趋势不完全一致。

从图 4.47～图 4.51 可以看出，各下垫面 EPL 水平基本以马路最高，而屋顶最低。其主要原因是这些下垫面都是车辆和人口密集区域，其累积的污染物较多，所以在相同降雨特征时冲刷污染物量就更大。但是不同的降雨特征，污染物的冲刷情况也不一致，所以下垫面污染物累积量和降雨特征是影响 EPL 的 2 个主要因素。

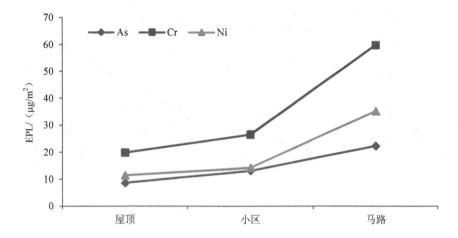

图 4.49 成都市各类非渗透下垫面降雨径流场次 As 等平均 EPL

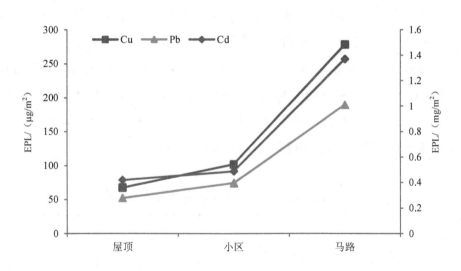

（Cu 为左纵坐标；Pb、Cd 为右纵坐标）

图 4.50 成都市各类非渗透下垫面降雨径流场次 Cu 等平均 EPL

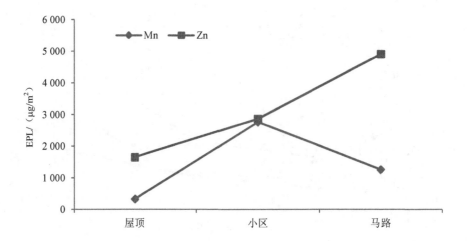

图 4.51　成都市各类非渗透下垫面降雨径流场次 Mn 和 Zn 平均 EPL

　　成都市中心城区面积来源于 GIS 提取数据和计算的降雨径流 EMC 值，成都市中心城区根据水务局公报降雨量取值 880 mm/a，径流系数取值 3.5 的研究平均结果 0.9，然后核算出成都市中心城区降雨径流 COD（表 4.7）、TN（表 4.8）、TP（表 4.9）年输出总量分别为 17 888 t、629 t 和 1 631 t。中心城区非渗透下垫面输出负荷占比 COD 和 TP 分别为 25%和 3%，所以加强中心城区非渗透下垫面降雨径流污染负荷防治将减轻成都市锦江 COD 污染负荷。

表 4.7　成都市中心城区降雨径流 COD 输出负荷

	降雨径流	总污染负荷	占比/%
屋顶	6 543.50		
小区	1 918.42		
马路	9 426.35		
总和	17 888.27	70 385.00	25.41

表 4.8　成都市中心城区降雨径流 TN 输出负荷

	降雨径流
屋顶	409.01
小区	42.55
马路	178.18
总和	629.73

表 4.9　成都市中心城区降雨径流 TP 输出负荷

	降雨径流	总污染负荷	占比/%
屋顶	29.39		
小区	6.62		
马路	13.35		
总和	49.36	1631.00	3.03

5 上海市种植农业面源污染特征研究

本章以上海市郊区崇明岛农田为例，开展农田营养盐在地表水、地下水迁移转化规律研究，以及研究硝酸盐在农业生态系统转移特征。以期反映平原河网地区农业面源污染特征。

5.1 物理、化学性质测定分析

5.1.1 时间分布测定——降雨径流营养盐随着种植季节推移，浓度逐渐降低，氮元素迁移性更强；地下水营养盐浓度降雨后升高，但整个季节总体变化不大

农业是人为对自然界氮、磷循环的重要贡献之一，但农业生产开发造成大量营养盐流失是地表水和地下水水质恶化的主要原因（Cooke et al.，2011；Schlesinger，2009；Domagalski et al.，2011；Lapworth et al.，2008）。种植农业氮、磷在降雨中的流失有很多报道（Cogle et al.，2011；Mellander et al.，2013；Sweeney et al.，2012；Lamba et al.，2013），一部分研究集中在暴雨事件上（Owens et al.，2012），他们认为暴雨事件的营养盐流失占整个季节的绝大部分，还有一部分集中在春、夏、秋、冬 4 季，认为不同季节间流失量相差较大（Lapworth et al.，2008；Sweeney et al.，2012；Oeurng et al.，2010）。而在降雨季节进行一个种植周期内所有降雨场次变化研究的则较少。胡永定 2010 年在实验室用人工模拟降雨研究不同雨型下土壤营养盐的流失规律（胡永定，2010）；黄宗楚在 2005 年系统报道了上海市农田

土壤在 3—8 月种植周期内，土壤坡面渗漏液氮、磷浓度随着时间推移，浅层土壤浓度逐渐降低，但他在种植季节中，降雨径流的采样只有 2 次，同时大多数研究针对营养盐的流失负荷都是描述性的，没有建立起可便于计算的流失负荷模型（黄宗楚，2005）。

每个种植周期都是一个新的开始，农事操作及植物生长都是一个新的变化过程，因为温度变化和植物生长是营养盐流失的主要调控者，所以在种植周期内对营养盐流失的具体研究非常重要，特别是结合现场实际生产（Murdoch et al.，1998；Watmough et al.，2004；Dittman et al.，2007；Campbell et al.，2004）。同时较为全面的测定（氮、磷各种形态以及溶解性有机碳）更有利于研究，如溶解性有机碳、溶解性有机氮是营养盐循环的主要参与者，不同形态变化更能反映出其综合影响因素（Schmidt et al.，2010；Leytem et al.，2005）。

图 5.1 展示了 9 场降雨地表径流营养盐浓度的变化趋势。与其他研究结果类似，种植季节开始后（2013 年 4 月 23 日—7 月 7 日）连续 7 场降雨产流，氮（N）、磷（P）、溶解性有机碳在 3 个实验区的平均浓度逐渐降低，除 6 月 8 日暴雨事件 TP 的浓度更高以外，TN 浓度从 65.25 mg/L 降低到 4.17 mg/L，相应地 NO_3^- 浓度从 44.64 mg/L 降低到 1.37 mg/L，TPN 从 12.60 mg/L 降低到 0.88 mg/L，土壤中溶解性有机氮（DON）从 6.82 mg/L 降低到 1.40 mg/L（Sweeney et al.，2012；Tian et al.，2007）。造成氮肥种植前期流失浓度较高的原因，一是种植前期蔬菜和杂草都没有生长起来，植物对氮吸收及固定较少（Dittman et al.，2007），相对较低气温（15.54℃）也会造成土壤微生物氮的沉积较少（Campbell et al.，2004），即植物非生长季节中氮的流失远高于生长季节，在未施肥的森林中也有同样发现（Dittman et al.，2007；Campbell et al.，2004；Boyer et al.，1996）；二是种植前施肥也会使前期降雨浓度升高，然后再逐渐降低（Zhao et al.，2012）。可能是因为土壤中的磷库很大，TP 浓度降低幅度较小，从 3.22 mg/L 降低到 1.87 mg/L，总颗粒态磷（TPP）浓度从 1.17 mg/L 降低到 0.13 mg/L，而 ORP 和 DUP 基本没什么变化。说明磷浓度在降雨径流中的减少主要是因为可移动颗粒态磷的减少，在英国的一个

牧场也有相似结果（Heathwaite et al.，2000）。一般来讲，DON 和溶解性有机碳（DOC）浓度和流失趋势相似，DOC 浓度从 40.78 mg/L 降低到 10.75 mg/L（Dittman et al.，2007）。虽然 DON 和 DOC 容易受土壤吸附，但是有机肥中溶解性有机质很高，大量施入造成的径流浓度也会升高，这与非施肥森林 DON 季节变化较小的结果不一样（Ros et al.，2009；Tian et al.，2012）。

降雨量对 TN 和溶解性有机碳浓度影响较小（图 5.1），对 TP 浓度影响较大（图 5.1），因为 TP 高浓度总是出现在暴雨期间，如 6 月 8 日降雨量（90.5 mm）是 6 月 1 日（36.1 mm）的 2.51 倍，而 6 月 8 日 TP 浓度（5.68 mg/L）是 6 月 1 日（1.9 mg/L）的 3 倍左右，而 TN 和溶解性有机碳浓度略微降低。较大的降雨冲刷使颗粒态磷流失比例更大，如 6 月 1 日颗粒态磷比例从 21.79% 升高到 6 月 8 日的 49%（Heathwaite et al.，2000）。

氮肥施入大部分没有被植物吸收，而是积累在土壤表层，当降雨径流发生时，氮被冲刷出来（Zhao et al.，2012），种植过程中大量施肥会造成硝酸盐、TP 的大量流失（Oeurng et al.，2010；Heathwaite et al.，2000）。7 月 7 日（59.3 mm）降雨后 3 次大量液肥施用后，8 月 26 日暴雨（45 mm）径流 TN 浓度从 4.17 mg/L 升高到 26.28 mg/L，相应硝酸盐从 1.37 mg/L 升高到 10.26 mg/L［图 5.1（c）］；TP 从 1.87 mg/L 升高到 6.11 mg/L，相应正磷酸盐从 1.65 mg/L 升高到 3.49 mg/L ［图 5.1（e）］；DOC 从 12.48 mg/L 升高到 43.83 mg/L［图 5.1（g）］，4 月 29 日和 6 月 24 日的两次较少液肥施用没有使降雨径流浓度明显上升（图 5.1）。

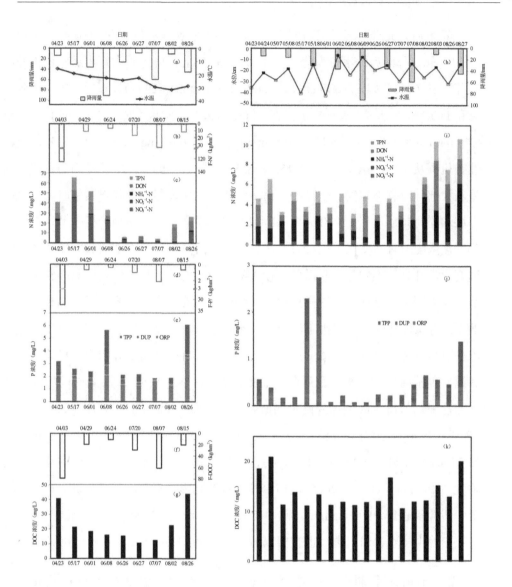

（a）降雨和水温变化；（b）氮肥施用情况；（c）降雨径流中氮元素各形态浓度在每场降雨的变化；（d）磷肥施用情况；（e）降雨径流中磷元素各形态浓度在每场降雨中的变化；（f）溶解性有机碳施用情况；（g）降雨径流中溶解性有机碳浓度在每场降雨中的变化；（h）降雨量和每场降雨前后地下水水位变化；（i）地下水中氮元素各形态浓度在每场降雨前后的变化；（j）地下水中磷元素各形态磷浓度在每场降雨前后的变化；（k）地下水中溶解性有机碳浓度在每场降雨前后的变化。

图 5.1　降雨和地下水中营养盐随着时间变化

降雨后，地下水会得到快速补充，降雨前地下水位变化范围是 –41.73～ –19.14 cm，降雨后的水位变化是 –21.67～–6.17 cm，雨量越大，雨后水位上升越高［图 5.1（h）］（Lapworth et al.，2008；Haria et al.，2004）。雨后，氮、磷各指标和 DOC 浓度基本都有一定的升高（除氨氮外），TN 平均值从 4.58 mg/L 上升至 6.49 mg/L［图 5.1（i）］、TP 从 0.53 mg/L 上升至 0.69 mg/L［图 5.1（j）］、溶解性有机碳从 12.50 mg/L 上升至 15.24 mg/L［图 5.1（k）］，主要是因为氮肥等的施入大部分没有被植物完全吸收，而是积累在土壤表层，当降雨发生时，营养盐沿着渗滤孔向地下移动（Zhao et al.，2012）。总体来说，整个种植季节，地下水营养盐浓度随时间变化不大。只是在第三场降雨前后（5 月 17 日和 18 日），TP 浓度异常升高，不知是施肥后首次较大降雨引起的，还是其他采样原因。浓度较小变化原因可能是地下水取样点较深（4 m），而地下水位一般低于 40 cm，整个地下水含量库比较大，降雨下渗对地下水补给量相对比例较小，所以下渗的较高浓度对整个地下水营养盐浓度影响不大。但是，有机肥施用会加剧营养盐的地下渗漏。种植前期（固肥）及后期（液肥）的集中施肥后的 2 次降雨促使地下水营养盐平均值比中间 7 场降雨平均值要高，总氮从 5.87 mg/L 上升到 8.64 mg/L，TP 从 0.29 mg/L 上升到 0.88 mg/L（第三次降雨的异常值例外），溶解性有机碳从 13.73 mg/L 上升到 20.64 mg/L。说明使用有机肥后显著增加了沥出液中营养盐的浓度（Kleinman et al.，2005），但中间少量施肥影响不大，对磷来讲，只有当土壤中活性磷达到 1 900 mg/hm^2，磷才能从土壤中沥出（Mcdowell et al.，2001）。在农田地下排水管研究中，也有类似的研究结果（Kleinman et al.，2003，2005）。

5.1.2　不同施肥测定——降雨径流和地下水营养盐流失随施肥量增多、浓度越高，地下水变化比径流更明显

有很多因素影响营养盐的流失，比如施肥多少和是否植入。很多研究表明，施肥越多，氮、磷流失浓度会越高（Harmel et al.，2004；Kaiser et al.，2009），黄宗楚在 2005 年报道（黄宗楚，2005），上海农田常规施肥径流氮素流失量为 86.8 kg/hm^2，

磷素流失量为 30.1 kg/hm²，而减量 15%施肥区氮素流失量为 75.2 kg/hm²，磷素流失量为 27.5 kg/hm²，当季施用化肥，常规施肥区径流排出氮素占 37.7%，磷素占 26.9%，减量 15%施肥区排出氮素占 28.1%，磷素占 20%。

通过植入方式会减少一定的流失（Little et al.，2005）。在蔬菜种植过程中，一般在前期通过翻耕植入的方式施入固体粪肥，而在后期过程中施用液肥进行追加营养来保证蔬菜产量（Bai et al.，2013）。

农业是人类对自然界氮和磷循环的重要贡献之一。传统农业都通过增加施肥来确保高产量，但流失比例远大于庄稼吸收比例。表 5.1 和表 5.2 分别列出了不同施肥量降雨径流和地下水营养盐浓度变化情况。研究表明，增加氮肥施用量就会提高流失量，相应地减少施用量就会减少流失（Randall et al.，2001；Jaynes et al.，2004）。土壤 TP 浓度达到 1 000～2 000 mg/kg 时，土壤将失去吸附能力，使流失量加剧（Lehmann et al.，2005）。有机肥中含有大量的 DOM，增加施肥也是导致 DOC 流失加剧的重要原因之一。本书研究结果和上述情况一样，A、B、C 区施肥的增加，NO_3^-、ORP 和 DOC 浓度均值差别较大（但统计上不一定有显著性差异），NH_4^+、DON、TN、TP 浓度在 A、B 两区之间基本接近，只有 C 区浓度较高（表 5.1），表明 B 区虽然施肥量有所增加，但是仍在土壤吸附能力范围之内，C 区施肥大幅增加必然导致营养盐流失浓度的显著升高。地下水浓度与地表径流有些差别，TN、NH_4^+、DON、NO_3^- 和 DOC 递增趋势更为明显，但是 TP 和 ORP 变化规律性不强（表 5.2），表明碳、氮元素更容易发生淋溶作用，而磷元素淋溶现象相对较弱。

表 5.1　降雨径流中不同营养元素在 3 个施肥区浓度（平均值±标准差值）变化

	NO_3^--N	NH_4^+-N	DON	TN	ORP	TP	DOC
RO-A	12.09±11.79[a]	0.84±0.53[ab]	5.92±4.75[a]	24.58±18.33[ab]	1.44±0.71[a]	2.85±1.76[ab]	18.28±9.45[a]
RO-B	14.14±15.78[ab]	0.81±0.46[a]	5.52±3.02[a]	25.98±22.34[b]	1.77±0.59[b]	2.95±1.44[b]	22.90±13.04[a]
RO-C	18.19±18.59[bc]	1.21±0.76[bc]	7.88±7.06[a]	33.66±24.92[c]	2.09±0.85[c]	3.55±1.82[c]	26.08±16.51[a]

注：不同字母表示在统计上的显著性差异（$p \leqslant 0.05$）。

表 5.2 地下水中不同营养元素在 3 个施肥区浓度（平均值±标准差值）变化

	NO_3^--N	NH_4^+-N	DON	TN	ORP	TP	DOC
GW-A	0.22 ± 0.13^a	1.50 ± 1.08^a	1.78 ± 0.76^a	4.88 ± 1.83^a	0.04 ± 0.04^a	0.78 ± 1.19^{ab}	13.71 ± 2.49^a
GW-B	0.46 ± 0.43^a	1.93 ± 1.08^b	2.70 ± 1.07^{ab}	6.23 ± 1.84^b	0.10 ± 0.19^a	0.82 ± 0.89^b	16.01 ± 4.41^b
GW-C	0.58 ± 1.02^a	2.70 ± 1.55^c	3.69 ± 2.51^{bc}	8.35 ± 3.89^{bc}	0.03 ± 0.05^a	0.49 ± 0.53^{ac}	16.00 ± 5.02^{ab}

注：不同字母表示在统计上的显著性差异（$p \leq 0.05$）。

5.2 迁移规律研究

5.2.1 营养盐迁移规律测定

种植农业的营养盐流失研究，大多集中在地表径流的流失（Cogle et al.，2011；Kleinman et al.，2006；Dougherty et al.，2004），因为大量的营养盐集中在土壤表层（Dittman et al.，2007；Heathwaite et al.，2000），降雨产生的水平流能将大量的营养盐带入自然流域中（Dittman et al.，2007；Honisch et al.，2002）。农田排水渠是减少污染的天然缓冲带，底泥吸附、底泥反硝化以及植物吸收能够有效滞留大量营养盐（Mander et al.，1997；Saunders et al.，2001；Wilcock et al.，1999；Hoffmann et al.，2009；Hoffmann et al.，2006；Parn et al.，2012；Raty et al.，2010）。上述大多数研究认为，因为土壤的吸附，营养盐向地下水迁移较少，但是在地下水位较浅、土壤中的吸附能力减弱或存在优先流时（Heathwaite et al.，2000；Smith et al.，1998；Carlyle et al.，2001；Mittelstet et al.，2011；Fuchs et al.，2009），营养盐也会大量向下迁移，所以报道地下水中营养盐浓度较高的也很多（Carlyle et al.，2001；Holman et al.，2010；Kundu et al.，2009），这样对依靠地下水饮用的居民会造成健康威胁（Honisch et al.，2002；Seiler et al.，2002），同时对相邻地表流域也会带来很大的影响，因为河床或缓冲带在吸收过饱和时，地下水大量的营养盐

可以通过基质流或优先流补给到地表流域中（Cooper et al.，1995）。所以在雨水媒介作用下，对其流通路径中的径流、沟渠、地下水及河流的营养盐浓度变化研究非常重要，将有利于我们对农业流域营养盐的迁移转化规律进行系统了解，同时有助于编制农业种植区域规划。

5.2.1.1 元素形态分布变化——地表径流氮、磷主要流失形态为硝酸盐和溶解性有机磷，地下水氮、磷流失形态为氨氮和颗粒态磷

表 5.3 列出了地表径流和地下水各营养元素形态分布比例。粪肥施用后，逐步发生矿化和硝化，变成硝酸盐（Lapworth et al.，2008；Smith et al.，2007），N 的矿化超过了植物和微生物的需求（Dittman et al.，2007），致使氮肥中大量 NO_3^- 累积在土壤表层（Zhao et al.，2012），容易发生水平迁移（Chen，2003），本书地表径流 NO_3^- 占 TN 比例达到了 52.79%（表 5.3），稍低于太湖流域农田小麦种植占有比例（64.40%）（Zhao et al.，2012），与 Sweeney 研究结果接近（50%）（Sweeney et al.，2012）；而 DON 与 DOC 一样主要是通过有机质等非生物方式进行滞留，流失比例相对较小，占 TN 比例为 22.94%（Dittman et al.，2007）；NH_4^+-N 一部分参与硝化反应，同时容易束缚在土壤颗粒中，不容易随水运动，流失比例仅占 TN 的 3.39%（Parn et al.，2012）。本书实验农田实施了反侵蚀措施（铺膜）以及生态种植（切割杂草而不是连根拔除），能有效减少颗粒态营养盐的流失（Honisch et al.，2002），所以 TPN 比例仅为 19.78%。降雨径流中流失磷浓度与粪肥中溶解性磷的含量紧密相关（Smith et al.，1998），因为有机磷和土壤结合更加紧密，所以降雨径流中 TP 的主要形态是正磷酸盐（Sweeney et al.，2012；Kleinman et al.，2003）。本书降雨径流磷主要形态 ORP、TPP 和 DUP 占 TP 比例的平均值分别为 56.61%、32.09%和 11.30%（表 5.3），正磷酸盐流失比例与 Lamba 等施肥牧场研究结果接近（49.35%）（Lamba et al.，2013）。

表 5.3　降雨径流和地下水营养盐比例　　　　　　　　　　　单位：%

	TN					TP		
	NO_3^--N	NO_2^--N	NH_4^+-N	DON	TPN	ORP	DUP	TPP
径流	43.49± 20.00[a]	1.58± 1.15[a]	5.52± 4.27[a]	30.81± 22.18[a]	18.50± 5.14[a]	61.04± 14.67[a]	11.64± 6.19[a]	27.32± 12.91[a]
地下水	5.41± 4.55[b]	0.57± 0.71[a]	32.17± 15.50[b]	41.32± 18.33[a]	20.54± 5.05[a]	15.20± 11.02[a]	26.26± 24.36[a]	58.54± 18.70[b]

注：相同列中不同上标字母表示差异显著（$P \leqslant 0.05$）。

　　农业耕作、施肥较容易促使碱性阳离子在降雨过程中向下迁移从而进入地下水中，同样 NH_4^+-N 也较容易向下迁移，而 4 m 深处较难发生的硝化反应也使 NH_4^+-N 在地下水中产生累积，而 NO_3^- 在厌氧区较容易发生反硝化从而浓度较低，所以地下水中 NH_4^+-N、DON、TPN 占 TN 比例平均值分别为 40.95%、35.16% 和 17.80%（表 5.3），而 NO_3^- 和 NO_2^- 仅占 5.46% 和 0.62%（Chapman et al.，1997）。在英国 Gwy 牧场流域研究中，18 口地下井中有 12 口井中的 NH_4^+-N 和 DON 在 TN 的比例中占大部分，只有 4 口井硝酸盐超过 50% 的比例，亚硝酸盐通常很低（Lapworth et al.，2008）。Santos 等研究发现，在河口流域，地下水对地表水的补充中，氨氮几乎占 100%，而其他元素小于 20%（Santos et al.，2013）。正磷酸盐很容易被土壤吸附，一般富集在表层（Addiscott et al.，2000）。降雨过程中表层土壤正磷酸盐的沥出会在 4 m 土壤中逐渐衰减，以致浓度比较低。采集的地下水中具有一定的浊度，所以颗粒态比例相对较高，所以 TPP 和 DUP 占总磷比例平均值分别为 52.89%、39.19%，而 ORP 仅占 7.9%。英国 Leicestershire 草原地下水具有相似的实验结果，TPP 占主要部分（约 79%），ORP 占 12% 左右（Heathwaite et al.，2000）。

5.2.1.2　浓度分布变化——大部分营养盐随着迁移途径浓度逐渐降低，生态排水沟能有效截留营养盐

　　TN 在雨水、河水、地下水、沟渠、径流中的浓度（图 5.2）按 1.73 mg/L、3.33 mg/L、5.08 mg/L、14.21 mg/L、32.12 mg/L 呈明显递增。雨水中的氮主要形

态 NH₃ 和 NOₓ 源于人为活动释放，然后通过大气沉降进入雨水中，平均浓度达到 1.73 mg/L，雨水降落到农田上引起富集在土壤表层的营养盐随着径流大量流失，浓度显著升高到 32.12 mg/L（Driscoll et al.，2003），此水平与大多数农业流域相近（Sweeney et al.，2012；Zhao et al.，2012；Dufault et al.，2008），排放到排水渠后浓度降低到 14.21 mg/L，略低于荷兰农业流域中交织的排水渠浓度（Rozemeijer et al.，2010），排水渠是进入河道的直接排放途径，假如它与农田间的距离足够长（＞305 m）（Kull et al.，2005；Drewry et al.，2011），大部分氮将会在进入河道前被拦截下来，使进入河道的无机氮浓度相对较低（Dittman et al.，2007；Goodale et al.，2003）。本书中排水渠因地下水位较浅，平时保持一定水层，即充当了湿地缓冲区的功能（Puustinen et al.，2010），对氮的滞留能力，比河流和湖泊强（Alexander et al.，2000），其原因是较小的流量（较长的停留时间）提供了沉积物—水层较好接触，促进底泥反硝化和沉积物中氮的累积，如脱氮速度可达到 9～70 kg/（hm²·a）（Saunders et al.，2001），滞留比例达 66%～89%（Parn et al.，2012）。降雨事件中河道的总氮浓度能达到 3.33 mg/L，但地下水的总氮浓度能达到 5.08 mg/L，表明地下水通过渗漏途径对河道水体的潜在影响也非常大。

　　NO₃⁻-N、DON 和 TN 的变化趋势一样（图 5.2），NO₃⁻-N 浓度在地下水和雨水中基本相当（0.24～0.29 mg/L），河流升高到 1.06 mg/L，沟渠和径流分别升高到 7.27 mg/L 和 19.46 mg/L。DON 浓度从雨水到河水有较小幅度升高（0.37 mg/L、0.88 mg/L），到地下水、排水沟和径流显著升高（2.33 mg/L、3.01 mg/L、5.51 mg/L）。而 NH₄⁺-N 浓度递变方式与其他指标完全不一样，河水—径流—雨水—沟渠—地下水依次升高（0.36 mg/L、0.70 mg/L、1.0 mg/L、1.3 mg/L、1.46 mg/L）。NH₄⁺-N 雨水浓度（1.0 mg/L）略高于径流（0.7 mg/L），表明地表对 NH₄⁺ 离子还具有一定的吸附作用。而其本身在溪流中传输比例较少，所以沟渠中的 NH₄⁺-N 浓度平均值也仅仅为 1.3 mg/L，而地下水浓度（1.46 mg/L）可能对河道水体具有潜在的威胁（Dittman et al.，2007），Santos 等（2013）研究发现，在河口流域，地下水对地表水的补充中，氨氮几乎占 100%。

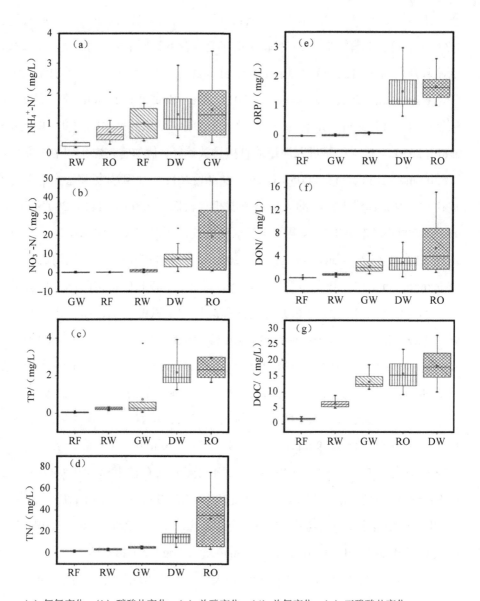

（a）氨氮变化；（b）硝酸盐变化；（c）总磷变化；（d）总氮变化；（e）正磷酸盐变化；

（f）溶解性有机氮变化；（g）溶解性有机碳变化。

图5.2　雨水、降雨径流、地下水、排水沟渠和河水在5场降雨中的空间变化

TP 除雨水很低（0.05 mg/L）以外（图 5.2），河水—地下水—沟渠—径流从 0.24 mg/L—0.75 mg/L—2.17 mg/L—2.94 mg/L 依次升高。雨水冲刷使富集在农田表面的 TP 随着径流而流失，浓度高达 2.94 mg/L，与大多数农业流域值相当，排放到沟渠中浓度有一定的减少（Fleming et al.，1998）。与 TN 一样，如果农田和河流之间的沟渠有一定间距（＞170 m），部分磷会被底泥吸附而拦截下来（Drewry et al.，2011；Andersen et al.，2006）。本书的沟渠充当了湿地缓冲区的功能，对磷的拦截效果更好（Puustinen et al.，2010）。较密集的植物缓冲区接受 0.8～14.5 kg/（hm²·a），最大达到 27.7 kg/（hm²·a）。降雨时，可能产生的优先流致使地下水浓度（0.75 mg/L）显著高于地表水的安全浓度，所以对河流也具有潜在的威胁（Fuchs et al.，2009）。ORP 与 TP 的变化趋势基本一样，在雨水和地下水中都很低，分别为 0.01 mg/L 和 0.03 mg/L，河流—沟渠—径流从 0.1 mg/L—1.51 mg/L—1.67 mg/L 依次升高，地表径流 ORP 对河流水质威胁最大，而在种植仅 3 年的实验区地下水中 ORP 浓度相对安全。DOC 除雨水很低（1.61 mg/L）以外，河水—地下水—径流—沟渠从 6.53 mg/L—13.30 mg/L—15.83 mg/L—18.30 mg/L 依次升高。径流中 DOC 浓度与其他农业流域浓度相当（Neung-Hwan et al.，2013），可能因为径流将沟渠底部沉积物扰动造成沟渠中浓度升高，而地下水中 DOC 可能主要来源于耕作表层的沥出（Dittman et al.，2007）。

5.2.2 硝酸盐迁移规律测定

从工业革命开始，因为人为制造肥料和化石燃料，自然生态系统中可反应性氮含量开始数量级上升（Galloway et al.，2008）。它很大程度上增加了食品生产量（Smil，1999）；然而，农业生产中 80%的肥料在雨水的携带下进入地下水和地表水，NO_3^- 是主要化学形态（Donner et al.，2008；Howarth et al.，1996）。饮用水中 NO_3^- 浓度的增加很容易导致"蓝婴儿综合征"、胃癌、动物 NO_3^- 中毒和水域生态的富营养化。NO_3^- 是硝化和反硝化的中间物质（Fan et al.，1996；Mason，1981；Stadler et al.，2012；Agency，2005；Burgin et al.，2007；Ward，2013）。因此，NO_3^- 的研究是地球圈中 N 循环中的热点问题（Pastén-Zapata et al.，2014；Mulholland et al.，2008）。

Redfield 研究发现浮游生物中的 C、N、P 的原子比例是 106∶16∶1（又称"Redfield 比例"）（Redfield，1958）。这个观察发现促进生态学家试图通过化学计量法去寻找它们之间的关系（Elser et al.，2000），从而使得 Redfield 比例是预测自然生态营养盐平衡的有效工具（Allen et al.，2009）。溶解性有机碳（DOC）和 NO_3^- 是河流中重要的 C、N 形式（Konohira et al.，2005），Aitkenhead 和 McDowell 发现土壤中的 C/N 比例能够影响河流中的 DOC 通量以及 NO_3^- 浓度（Aitkenhead et al.，2000），且溪流中 DOC 和 NO_3^- 浓度紧密相关（Konohira et al.，2005）。

许多科学家试图通过生态系统中 DOC 浓度变化来预测 NO_3^- 浓度的变化（Konohira et al.，2005；Arango et al.，2007）。Taylor 和 Townsend 发现 NO_3^- 与有机碳（OC）在相关联的生态系统中表现出非线性负相关关系，并在从土壤到淡水生态系统、海水生态系统中都具有同样的关系，然而他们建立的指数方程相关系数较低（平均值 $r^2 = 0.36$）（Taylor et al.，2010）。所以，本书探索用新的化学计量法探讨农业生态系统硝酸盐的迁移转化规律。

5.2.2.1 不同生态系统浓度变化——溶解性有机碳的生物可利用性是控制硝酸盐的重要因素

硝化反应一般发生在沉积物上层。因此，间隙水数据（图 5.3，表 5.4）从表层（0~5 cm）和次层（5~10 cm）沉积物样品中获取。所有数据都采用 SPSS 17.0 进行分析。非线性回归模型用于评估（DOC∶NO_3^-）比例和 NO_3^- 浓度之间的关系，然后用方差分析（ANOVA）来验证回归模型的真实性。采用方差分析（LSD）检验来分析不同生态系统、不同时间沟渠、不同时间地下水的 DOC 浓度、NO_3^- 浓度和（DOC∶NO_3^-）比例差异。用 Pearson 相关性分析上覆水和沉积物间隙水中 DOC 和 NO_3^- 浓度之间的关系。

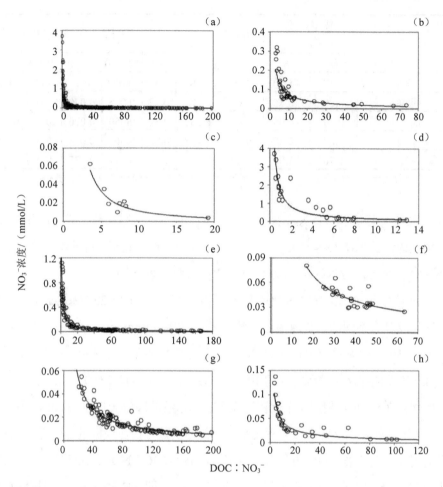

（a）所有数据；（b）实验生态系统；（c）雨水；（d）径流；（e）排水渠；（f）间隙水；（g）地下水；（h）河流

图 5.3　不同生态系统中 NO_3^- 浓度与（DOC：NO_3^-）比例变化

表 5.4　不同生态系统 NO_3^- 浓度和（DOC：NO_3^-）比例之间关系

	模型参数 （$y = ax^{(b)}$）		相关度 （r^2）	N	差值 Y（x 变化范围）				
	a	b			1～10	10～20	20～40	40～80	80～160
所有数据	0.87	−0.93	0.87**	411	0.77	0.049	0.025	0.013	0.007 0
实验系统	0.53	−0.86	0.83**	44	0.46	0.033	0.018	0.001 0	0.005 5
河流	0.26	−0.76	0.87**	34	0.21	0.019	0.011	0.006 5	0.003 8

	模型参数 $(y = ax^{(b)})$		相关度 (r^2)	N	差值 Y（x 变化范围）				
	a	b			1～10	10～20	20～40	40～80	80～160
雨水	0.37	−1.50	0.86*	8	0.36	0.007 6	0.002 7	0.000 94	0.000 33
间隙水	0.89	−0.86	0.65**	31	0.77	0.055	0.030	0.017	0.009 2
地下水	0.94	−0.96	0.92**	132	0.84	0.050	0.026	0.013	0.006 8
沟渠	1.07	−0.88	0.96**	138	0.93	0.064	0.035	0.019	0.010
径流	1.70	−1.06	0.84**	24	1.55	0.077	0.037	0.018	0.008 5

注：N=采样次数；差值 $Y = ax_1^{(b)} - ax_2^{(b)}$；* 和 ** 表示在 0.05 和 0.01 水平上差异显著。

在 NO_3^- 浓度和（DOC：NO_3^-）比例之间建立了负幂函数关系 [图 5-3 （a）]，相关性达到了 0.87（n=411）。且在 7 个不同生态系统中具有较好的拟合关系 [图 5-3 （b～h）]，得到了 ANOVA 方差分析真实度检验（表 5.4）。

研究表明，微生物 C：N 比值变化范围很大，一般为 3～20（Mehler et al.，2010），且微生物具有不同的生长速率，一般为 5%～80%（Ram et al.，2003；Apple et al.，2007）。因此，生态系统中相同的 DOC 浓度具有不同的 NO_3^- 浓度（表 5.5 和表 5.6）。Taylor 等发现在从土壤到海洋的 10 个生态系统中，（DOC：NO_3^-）比例具有一个共同的拐点 3.5，并且使用这个比例建立了生态系统的阈值（Taylor et al.，2010）。然而，无论是前者建立的指数方程还是本书的幂函数方程在分析过程中都不能建立相应的拐点。但是采用数学方法分析发现，本书（DOC：NO_3^-）比例在 1～10 之间变化的 NO_3^- 浓度是在 10～20 之间变化的 17.26 倍，即（DOC：NO_3^-）比例在 1～10 之间时 NO_3^- 浓度降低最快（表 5.6）。

与土壤到海洋生态系统变化的 k 值类似（Taylor et al.，2010），本书建立的幂函数方程 a 值在雨水传输过程中逐渐降低（径流＞沟渠＞地下水＞间隙水＞河水，表 5.4）。研究结果表明，即使 DOC 保持一样的浓度，不同生态系统 NO_3^- 浓度却不一样，主要是因为土壤和河流中的 DOC 不容易降解，从而引起不一致的生物可利用性（Konohira et al.，2005；Goodale et al.，2005）。

表 5.5 不同生态系统 DOC、NO₃⁻ 浓度（mmol/L）及（DOC∶NO₃⁻）比例方差分析

	雨水	径流	沟渠	地下水	间隙水	河流
DOC	0.20 ± 0.14^a	1.87 ± 1.17^d	1.68 ± 0.73^{cd}	1.15 ± 0.29^b	1.50 ± 0.28^c	0.56 ± 0.33^a
NO₃⁻	0.027 ± 0.016^{ab}	1.18 ± 1.09^c	0.18 ± 0.30^b	0.021 ± 0.040^a	0.042 ± 0.013^a	0.042 ± 0.033^a
DOC∶NO₃⁻	8.12 ± 4.75^{ab}	4.21 ± 3.70^a	57.54 ± 68.01^b	108.62 ± 97.59^c	37.77 ± 9.45^a	35.27 ± 61.93^a

注：上标不同字母表示差异显著（$p<0.05$）。

表 5.6 沟渠降雨后不同时间 DOC、NO₃⁻ 浓度（mmol/L）及（DOC∶NO₃⁻）比例方差分析

	雨前	雨后	雨后 1 d	雨后 3 d	雨后 5 d
DOC	2.19 ± 0.98^a	1.48 ± 0.42^b	1.43 ± 0.41^b	1.42 ± 0.32^b	1.35 ± 0.28^b
NO₃⁻	0.028 ± 0.017^a	0.48 ± 0.44^b	0.46 ± 0.31^b	0.11 ± 0.13^{ac}	0.031 ± 0.021^{ac}
DOC∶NO₃⁻	104.87 ± 84.13^a	8.04 ± 8.36^b	14.42 ± 29.71^{bc}	46.80 ± 50.74^{cd}	63.12 ± 38.76^{de}

注：上标不同字母表示差异显著（$p<0.05$）。

5.2.2.2 沟渠浓度变化——底泥提供反硝化条件是硝酸盐降低的重要原因

当营养盐从降雨径流输入受纳水体中，沟渠是传输的第一个环节。在降雨不同时间沟渠 NO₃⁻ 浓度和（DOC∶NO₃⁻）比例之间建立了较好的幂函数关系，并具有较好相关系数，拟合方程进行了 ANOVA 真实度检验（图 5.4，表 5.7）。

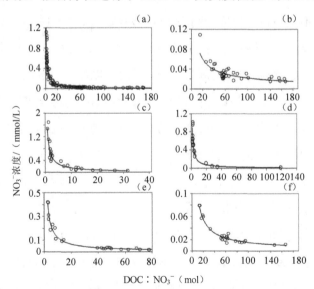

（a）所有数据；（b）晴天（≥雨后 7 d）；（c）降雨后；（d）雨后 1 d；（e）雨后 3 d；（f）雨后 5 d。

图 5.4 沟渠不同时间 NO₃⁻ 浓度与（DOC∶NO₃⁻）比例变化

表 5.7　沟渠不同降雨时间 NO_3^- 浓度和（DOC：NO_3^-）比例之间关系

	模型参数（$y = ax^{(b)}$）		相关度（r^2）	N	差值 Y（x 变化范围）				
	a	b			1～10	10～20	20～40	40～80	80～160
所有数据	1.07	−0.88	0.96**	138	0.93	0.064	0.035	0.019	0.010
晴天	0.39	−0.62	0.74**	46	0.30	0.033	0.021	0.014	0.009 0
降雨后 5 d	0.62	−0.81	0.93**	23	0.52	0.041	0.023	0.013	0.007 7
雨后 3 d	0.97	−0.89	0.98**	26	0.84	0.057	0.031	0.017	0.009 0
雨后 1 d	1.19	−0.91	0.96**	16	1.04	0.068	0.036	0.019	0.010
雨后	1.25	−0.91	0.93**	27	1.10	0.072	0.038	0.020	0.011

注：N = 采样数量；差值 $Y = ax_1^{(b)} - ax_2^{(b)}$，** 表示在 0.01 水平上差异显著。

同化吸收和反硝化是 NO_3^- 浓度降低的 2 个主要途径。因为在上覆水中，浮游植物为细菌微生物提供了可利用的 DOC，所以浮游植物光合作用和细菌的生长是同时发生的（Ram et al.，2003；Apple et al.，2007）。在降雨过程中，当降雨径流输入沟渠时，NO_3^- 能够立即被吸收。在美国印第安纳州 Sugar 小河中发现了类似现象（Johnson et al.，2012）。在本书中，可生物利用的 DOC 被用于生长的细菌直接吸收，而不是被自养反应所利用（Sobczak et al.，2003）。所以，DOC 浓度从降雨前的 2.19 mmol/L 降低到降雨事件后的 1.48 mmol/L（表 5.6）。假设微生物生长效率为 50%，且微生物 C：N 比例为 7：1，计算可以得到 0.35 mmol/L 和 0.05 mmol/L 能够用于微生物生长，这在整个降雨事件过程中 NO_3^- 流失比例中占 10%（Zarnetske et al.，2011）。NO_3^- 流失比例较小，假如可生物利用的 DOC 浓度在整个降雨事件中降低 32.42%，剩余的 67.58% 始终保持不变，表明其不能被微生物直接利用（表 5.6），Sobczak 在溪流水体中发现了类似结果（Sobczak et al.，2002）。

微生物繁殖不应该很快（Goodale et al.，2005），特别是在水动力较差的环境中和可生物利用 DOC 程度较低的情况下（Zarnetske et al.，2011；Konohira et al.，2005；Qualls et al.，1992）。因此，降雨后 5 d 时间里 DOC 浓度都没有显著降低（表 5.6）。所以，降雨后 NO_3^- 浓度降低主要依靠底泥反硝化作用。硝化反应的顺利进行也源于上覆水和不同深度沉积物间隙水中 DOC 和 NO_3^- 的浓度差（图 5.5、

图 5.6，表 5.8、表 5.9）。雨后上覆水 NO_3^- 浓度的降低和 DOC 浓度的升高，沉积物不断提供 DOC 起到了重要作用（Sobczak et al.，2003；Battin et al.，2000）。所以，不能仅仅从上覆水（DOC：NO_3^-）比例的角度去解释 NO_3^- 浓度的变化（表 5.6）。拟合的幂函数方程中的 a 值和 NO_3^- 浓度在降雨后逐渐规律性地降低（表 5.9），主要是由于可生物利用 DOC 提供量和提供速度间的差异（Konohira et al.，2005；Goodale et al.，2005）。

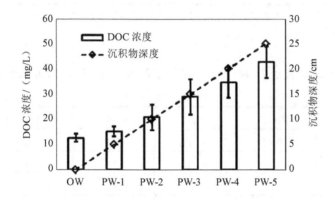

图 5.5　上覆水（OW）和不同深度沉积物间隙水（PW）DOC 浓度变化趋势

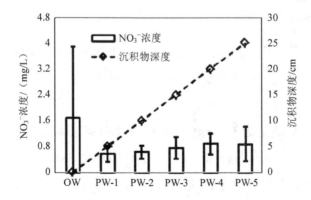

图 5.6　上覆水（OW）和不同深度沉积物间隙水（PW）NO_3^- 浓度变化趋势

表 5.8　上覆水（OW）和不同深度沉积物间隙水（PW）DOC 浓度 Pearson
相关性分析（$n = 8$）

	PW-1	PW-2	PW-3	PW-4	PW-5
OW	0.88**	0.68	0.73*	0.56	0.46
PW-1		0.84**	0.88**	0.71*	0.70
PW-2			0.99**	0.95**	0.86**
PW-3				0.95**	0.90**
PW-4					0.93**

注：PW-1 = 0～5 cm；PW-2 = 5～10 cm；PW-3 = 10～15 cm；PW-4 = 15～20 cm；PW-5 = 20～25 cm。
*$p \leqslant 0.05$；**$p \leqslant 0.01$。

表 5.9　上覆水（OW）和不同深度沉积物间隙水（PW）NO_3^- 浓度 Pearson
相关性分析（$n = 8$）

	PW-1	PW-2	PW-3	PW-4	PW-5
OW	−0.45	0.079	−0.30	−0.027	−0.44
PW-1		0.71*	0.93**	0.73*	0.87**
PW-2			0.85**	0.72*	0.74*
PW-3				0.84**	0.96**
PW-4					0.86**

注：PW-1 = 0～5 cm；PW-2 = 5～10 cm；PW-3 = 10～15 cm；PW-4 = 15～20 cm；PW-5 = 20～25 cm。
*$p \leqslant 0.05$；**$p \leqslant 0.01$。

上述结果都表明上覆水和沉积物是水域生态系统中不可分割的部分，所以在人造水域生态系统中不得不考虑沉积物的重要性以及必要的厚度（如沟渠、湖泊、运河以及水产养殖池塘），反之，沉积物移除工程对于脱 N 效果是没有益处的。

5.2.2.3　地下水浓度变化——地下水中可溶解性有机碳能显著降低硝酸盐浓度

降雨事件不同时间地下水 NO_3^- 浓度和（DOC：NO_3^-）比例之间保持了较好的幂函数关系，且具有较好的相关性，且拟合的回归方程经方差分析检验具有较好的真实性（图 5.7，表 5.10）。从图 5.11 可以看出，大部分 NO_3^- 浓度低于 1 mmol/L，而（DOC：NO_3^-）比例超过 20，远高于 NO_3^- 累积的地下水井的比例（＜10）

（Lapworth et al.，2008；Stelzer et al.，2011）。存在较低（DOC：NO_3^-）比例主要是因为较低 DOC 浓度促使反硝化反应受限而 NO_3^- 产生累积效应（Inwood et al.，2005；Hill et al.，2000），所以，在很多地下水工程中通过额外添加 DOC 来维持低 NO_3^- 浓度（Battin et al.，2000；Findlay et al.，1996）。降雨后 1 d 内，土壤下渗促使地下水 NO_3^- 升高幅度较小，主要是因为较大的地下水库的稀释作用（表 5.11）。不同农业生态系统（表 5.5）和降雨后不同时间（表 5.11）地下水中的 DOC 浓度都维持了一个较高水平。研究推测，在有机种植方式下，农田添加大量有机物质是维持地下水较低 NO_3^- 浓度的有效方法。同时也表明，高 N 低 C 化肥的持续使用可能会导致农田地下水 NO_3^- 浓度逐渐升高。

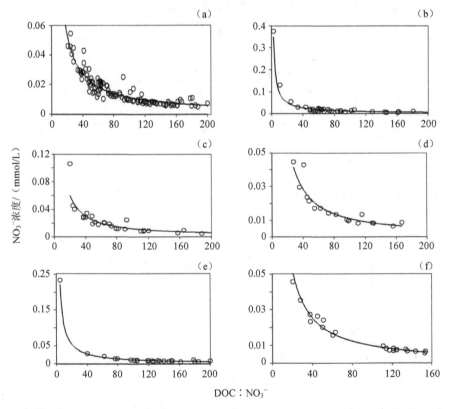

（a）所有数据；（b）晴天（≥雨后 7 d）；（c）降雨后；（d）雨后 1 d；（e）雨后 3 d；（f）雨后 5 d。

图 5.7　地下水不同时间 NO_3^- 浓度与（DOC：NO_3^-）比例变化

表 5.10 地下水不同降雨时间 NO$_3^-$ 浓度和（DOC∶NO$_3^-$）比例之间关系

	模型参数（$y=ax^{(b)}$）		相关度（r^2）	N	差值 Y（x 变化范围）				
	a	b			1～10	10～20	20～40	40～80	80～160
所有数据	0.94	−0.96	0.92**	132	0.84	0.050	0.026	0.013	0.006 8
晴天	0.74	−0.90	0.92**	39	0.65	0.043	0.023	0.012	0.006 6
降雨后 5 d	1.18	−1.04	0.98**	21	1.07	0.055	0.027	0.013	0.006 4
降雨后 3 d	1.06	−1.00	0.95**	24	0.95	0.053	0.026	0.013	0.006 6
降雨后 1 d	1.31	−1.04	0.90**	18	1.19	0.061	0.030	0.014	0.007 1
降雨后	1.21	−1.00	0.90**	30	1.09	0.060	0.030	0.015	0.007 6

注：N＝采样数量；差值 $Y=ax_1^{(b)}-ax_2^{(b)}$，** 表示在 0.01 水平上差异显著。

表 5.11 地下水降雨后不同时间 DOC、NO$_3^-$ 浓度（mmol/L）及（DOC∶NO$_3^-$）比例方差分析

	雨前	雨后	雨后 1 d	雨后 3 d	雨后 5 d
DOC	1.20 ± 0.36[a]	1.25 ± 0.33[a]	1.13 ± 0.23[ab]	1.10 ± 0.21[ab]	1.00 ± 0.097[b]
NO$_3^-$	0.027 ± 0.061[a]	0.020 ±0.019[a]	0.017 ± 0.011[a]	0.019 ± 0.046[a]	0.016 ± 0.011[a]
DOC∶NO$_3^-$	129.38 ± 160.12[a]	95.26 ±62.17[a]	87.33 ± 41.93[a]	121.44 ± 46.78[a]	92.77 ± 45.35[a]

注：上标不同字母表示差异显著（$p<0.05$）。

5.3 输出规律研究

5.3.1 降雨影响分析——流失负荷主要受降雨量大小影响，受流失浓度影响较小

降雨径流营养盐流失负荷与降雨量的相关性较大，主要发生在少量暴雨事件中（Owens et al.，2012），6 月 8 日降雨量（90.5 mm）仅占实验期间主要产流降雨事件雨量的 30.45%，但氮、磷流失负荷比例分别占 45.34%和 57.05%（图 5.8）。较高施肥对降雨径流营养盐负荷也有较大影响，虽然 8 月 26 日径流量（88.22 m³/hm²）仅为 7 月 7 日（207.78 m³/hm²）的 42.46% [图 5.8（b）]，但施肥引起氮、磷和溶

解性有机碳的负荷分别提高到 2.7 倍、1.37 倍、1.50 倍。

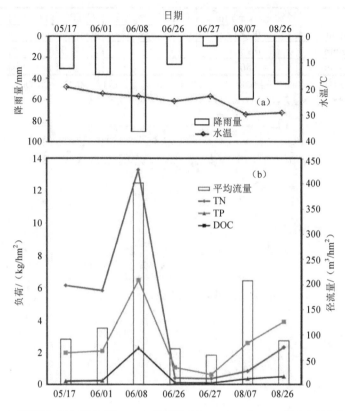

（a）每场降雨量与温度变化；（b）每场降雨中 TN、TP 和 DOC 流失负荷变化。

图 5.8　降雨径流负荷变化

降雨径流营养盐流失负荷与降雨量之间能够建立起对数函数关系 *Y=alnx−b*（图 5.9～图 5.11），因为 TN 流失负荷与降雨量相关性较好（表 5.12），同时营养盐的流失负荷受到土壤植被等的保护缓冲作用，随着降雨量的递增会逐渐变缓，兰新怡也发现了同样规律（兰新怡，2011）。除了 TN 的相关性较低外，TP 和 DOC 相关性基本保持在 0.66 以上，而 TN 相关性较低，可能与 TN 流失浓度在种植季节中后期降低较快原因有关（图 5.8）。

表 5.12　7 场降雨事件径流营养盐流失负荷与流量与浓度的相关性分析

	径流量/（m³/hm²）	C-TN/（mg/L）	C-TP/（mg/L）	C-DOC/（mg/L）
L-TN/（kg/hm²）	0.77*	0.59	—	—
L-TP/（kg/hm²）	0.94*	—	0.69	—
L-DOC/（kg/hm²）	0.86*	—	—	0.31

注：L-TN、L-TP、L-DOC 分别表示 TN、TP 和 DOC 负荷。C-TN、C-TP、C-DOC 分别表示 TN、TP 和 DOC 浓度。"*"表示差异显著（$P \leqslant 0.5$），"—"表示未做相关性分析。

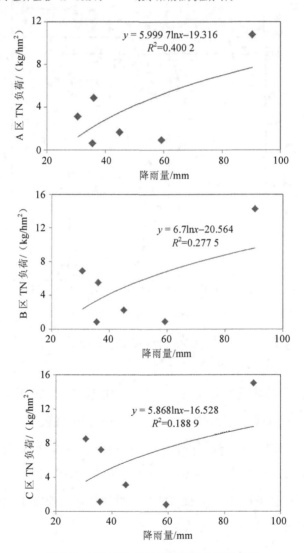

图 5.9　TN 流失负荷与降雨量之间的关系

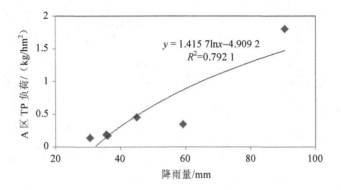

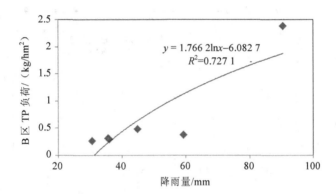

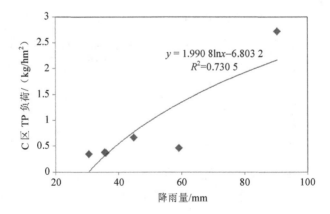

图 5.10　TP 流失负荷与降雨量之间的关系

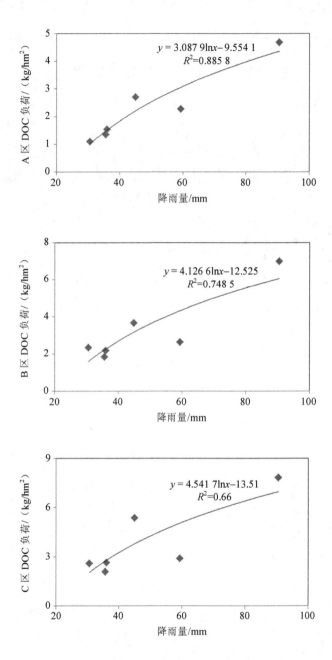

图 5.11 DOC 流失负荷与降雨量之间的关系

5.3.2　施肥影响分析——流失总量随施肥量增加而升高，但流失比例跟施肥量关系不大，固肥埋入施肥方式流失率更小

　　TN 流失负荷 A 区（22.11 kg/hm²）＜B 区（30.67 kg/hm²）＜C 区（35.81 kg/hm²）（表 5.13），随着粪肥施入的增加而升高，流失负荷范围与小麦种植相近（Tian et al.，2007）。TP 和溶解性有机碳负荷的流失与 TN 一样，TP 流失范围是 3.09～4.93 kg/hm²，与 Romeis 等研究结果的范围相近（Romeis et al.，2011）。从流失比例（表 5.13）来看，TN 流失 A 区（18.40%）＞B 区（14.54%）＞C 区（12.29%），TP 流失 A 区（15.21%）＞B 区（10.80%）＞C 区（9.29%），DOC 流失 A 区（10.16%）＞B 区（8.78%）＞C 区（7.58%），流失比例范围与其他农业流域相近（TN，TP）（Kwong et al.，2002；Sweeney et al.，2012）。营养盐的流失比例随着"固体粪肥/总粪肥"比例增加而减少，而与施肥量的相关性不大，表明粪肥在种植前期通过犁耕埋入施肥能够减少营养盐（氮、磷和碳）的流失，因为增加了粪肥与土壤更多接触，对营养盐较好的吸附能带来更好的滞留效果，而表面施入的液肥流失性更大（Schroeder et al.，2004）。同样，很多研究也支持地下施肥的农作方法（Lamba et al.，2013；Sistani et al.，2009；Pote et al.，2003）。

表 5.13　9 场降雨径流流失负荷总和

		TN	TP	DOC
A 区	径流流失负荷/（kg/hm²）	22.11	3.09	13.84
	施肥量/（kg/hm²）	120.17	20.35	136.24
	DF：TF/%	55.01	83.68	30.90
	径流流失比例/%	18.40	15.21	10.16
B 区	径流流失负荷/（kg/hm²）	30.67	4.10	19.87
	施肥量/（kg/hm²）	210.96	38.00	226.33
	DF：TF/%	60.52	86.54	35.93
	径流流失比例/%	14.54	10.80	8.78

		TN	TP	DOC
C区	径流流失负荷/（kg/hm²）	35.81	4.93	23.42
	施肥量/（kg/hm²）	291.32	53.09	309.12
	DF：TF/%	61.59	87.05	36.97
	径流流失比例/%	12.29	9.29	7.58

6 城市和种植农业面源污染特征对比分析

降雨径流面源污染是降雨动能冲击作用及地表径流冲刷而产生的污染物，随地表径流流入受纳水体，可根据下垫面性质分类为城市马路、屋顶等非渗透下垫面和农田、森林、草原等渗透下垫面。其中，中心城区非渗透下垫面是城市受纳水体污染负荷的主要来源，郊区种植农田这类渗透下垫面是自然流域污染负荷的主要来源。所以，根据受人为干扰因素较多、区域面积较大以及研究重要性较强的原则，本书选择了中心城区非渗透下垫面以及郊区旱作农田2个面源污染产生的重点区域作为研究对象。

目前，国内外针对面源污染的研究大多数是分类进行的，将中心城区和郊区农田进行对比研究的报道较少，本书将这两类面源污染进行对比分析，更利于全面掌握面源污染物的流失特征，为流域面源污染的防治提供系统参考依据。

降雨径流污染负荷为年平均负荷，计算公式如式（6.1）。

$$L = \sum_1^i \mathrm{EPL}_i \qquad (6.1)$$

式中，L 为下垫面年平均污染负荷；EPL 为单位面积场次降雨事件冲刷污染物负荷，kg/hm^2；i 为上海市年平均降雨场次。

2001—2010 年上海市 10 年降雨场次平均值为 102 场，平均降雨总量为 1 132 mm，年降雨情况分布见第 2 章表 2.2（高原等，2012）。考虑到研究的差异性和重要性，年污染负荷分析指标为 TN 和 TP。

城市各下垫面 EPL 计算公式如式（6.2）。

$$\mathrm{EPL} = M_i \times (0.302\,6 \ln Q_{\mathrm{TRu}} - 0.139\,8) \qquad (6.2)$$

式中，Q_{TRu} 为降雨径流量，根据本书第 3 章研究结果，可以用"降雨量 – 初损值"来概算，本书初损取值为 0.5 mm，降雨分布数据、各下垫面 M_i 平均值为本书第 3 章研究结果。

郊区农田下垫面 EPL 计算公式采用式（6.3）。

$$Y = a\ln x - b \tag{6.3}$$

式中，Y 为 EPL；x 为降雨量，取值见第 2 章表 2.2；a、b 为第 5 章研究结果平均值。

6.1 物理、化学性质分析

面源污染负荷的防治中，污染物的形态因素很重要。从图 6.1 可以看出，降雨径流 TN 在城区和农田下垫面都是以溶解态为主，基本大于 68.05%（图 6.1 和表 6.1）。而 TP 情况有所差异，TP 在城区各下垫面都是以颗粒态为主，溶解态比例基本小于 32.49%，但农田仍是以溶解态为主，占 72.68%（图 6.2 和表 6.1），所以城区和农田降雨径流的防治方法应有所区别。

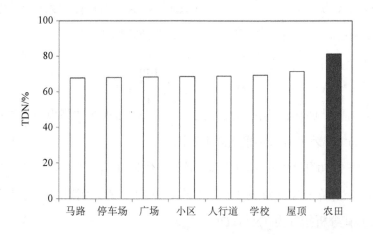

图 6.1　中心城区和农田各下垫面降雨径流 TDN 浓度比例分布

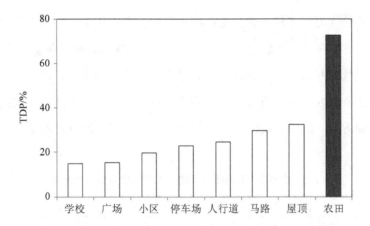

图 6.2　中心城区和农田各下垫面降雨径流 TDP 浓度比例分布

表 6.1　中心城区和农田各下垫面降雨径流污染物溶解态分配比例　　　　单位：%

	停车场	小区	学校	广场	屋顶	马路	人行道	农田
TDN/TN	68.05	68.63	69.27	68.23	71.39	67.86	68.81	81.50
TDP/TP	22.77	19.62	14.88	15.45	32.49	29.71	24.59	72.68

6.2　来源分析

　　中心城区非渗透下垫面和郊区农田下垫面性质不一样，中心城区相比农田，污染物输出方式更多样、产污频次更高。如城区非渗透下垫面一般是以沥青或水泥混凝土为下垫面，除去初损值，大部分雨水转化为降雨径流，一般 2 mm 降雨基本能形成径流，所以在上海市全年 102 场降雨中，有 70 多场降雨能够产生径流污染负荷。而旱作农田土壤具有渗水蓄水能力，10 mm 以内降雨一般不会产流，所以上海市年降雨场次中，约有 20 场的降雨能够产生径流污染负荷。所以，两类下垫面产生径流污染负荷的降雨量和频率差别较大。

　　城区非渗透下垫面污染物输入方式与农田不一样，从表 6.2 可以看出，城区污染物的输入方式多样，并且是持续不断的；而农田污染物输入是单一的施肥方式，输入次数有限。从输出方式来看，城区污染物的输出也是持续不断的，汽车、风等空气扰动和城市清扫这两种方式带走了大量的污染物，剩下部分才依靠降雨径流方式；而农田输出方式除了收割移除以外，大部分是降雨引起的径流流失和地下渗漏方式。所以，城区和农田面源污染输入和输出方式差异很大。

表6.2　下垫面污染物输入和输出方式对比分析

	污染物输入方式				污染物输出方式				
城区	大气沉降	车辆、道路磨损	建筑物风化		空气传输		清扫	降雨径流	
农田	土壤本底	施肥		收割	土壤保留	降雨径流	地下渗漏	空气扩散	

6.3　污染物浓度分析

6.3.1　不同城市径流系数比较——国内各城市径流系数实测值总体高于国外

非渗透下垫面建设，径流系数有相应的标准。从中国和美国相应的取值来看，美国取值在 0.80～0.90，而中国取值在 0.90～0.95，中国的建设标准要求相对较低，所以建设的非渗透路面的渗水能力相对较差。从国内不同城市模拟和实际检测值来看，除较小降雨量外，径流系数最低值在 0.88 以上，最高达到了 0.99，具体下垫面各个城市之间的差异较小（表 6.3）。较大的汇流面积可能是在相应的边界造成渗漏和不同下垫面概算的原因，贺宝根等在泵站汇流口测得的径流系数相对较小，50 mm 降雨只有 0.88，100 mm 以上降雨都稳定在 0.95（贺宝根等，2003）。同时，20 mm 以下降雨径流系数明显较低，基本在 0.89 以下。所以，非渗透下垫面降雨径流系数的影响因素中，建设标准、降雨量是重要参数。

表 6.3　非渗透下垫面径流系数

地点	年份	下垫面类型	雨量/mm	降雨时间/h	径流系数
重庆	2012	水泥	263	5	0.97～0.98
			200	3	0.97～0.98
			100	2	0.92～0.96
			50	1	0.88～0.92
西安	2004	水泥	15.6	1	0.89
			61.8	1	0.90
上海	2003	城市不透水下垫面综合值	10		0.62
			25		0.80
			50		0.88
			100		0.95
			200		0.95
《公路排水设计规范》		沥青混凝土			0.95
		水泥混凝土			0.90
		透水性沥青			0.60～0.80
美国联邦公路局		水泥及沥青			0.80～0.90
		沥青碎石			0.60～0.80
上海（本书）	2014	沥青	9.66	1	0.82
			38.7	1	0.95
			55.4	1	0.97
		水泥	9.66	1	0.87～0.89
			38.7	1	0.95～0.97
			55.4	1	0.96～0.97

6.3.2　不同城市 EMC 比较——上海市马路和住宅降雨径流 TN 的 EMC 值显著高于其他城市，Ts 和 Pb 值稍低于其他城市，国外城市 EMC 显著低于国内城市

图 6.3～图 6.20 列出了 3 个主要非渗透下垫面不同污染物在各个城市的 EMC 值分布情况。不同污染物指标分布具有一定的差异性，如本书测定马路下垫面

COD 的 EMC 值高于德国、挪威等国外城市，但又大幅低于北京、西安等我国北方城市（图 6.3），TSS、TP 与 COD 趋势基本相当，但本书测定 TN 的 EMC 值稍高于国内外其他城市，上海（2007）和上海（2005）值同样较高，可能是因为上海市各渗透下垫面沉积物富集的 N 浓度较高（林莉峰等，2007；王和意，2005），本书测定的沉积物 TN 浓度平均值在 20.89～24.22 mg/g，显著高于上海市土壤背景值（0.4～3.5 mg/g），而沉积物 TP 浓度和土壤基本一致。本书测定的重金属 Pb 在马路和屋顶的 EMC 值较低于大部分国内外大中城市（图 6.7），可能是由于上海市使用非含 Pb 汽油。同时，本书测定的 TSS 在 3 个下垫面的 EMC 值稍低于大部分国内外大中城市（图 6.5、图 3.29、图 3.18），可能与上海市的清扫水平较好有关，而对比的国外城市是 20 世纪 90 年代的研究结果。

各下垫面之间的变化趋势大致相同，如 COD 在马路、屋顶和小区的 EMC 值在国内外大中城市的对比中处于中等水平。从城市的发展历史来看，随着城市管理水平的提高，径流污染物 EMC 值逐渐减小，如加利福尼亚（2007）值显著低于美国（1983）测定水平（Kayhanian et al.，2007；EPA，1983），本书测定水平也显著低于上海（2005）研究结果（王和意，2005）。同时，对于绝大多数指标，国外近年来测定的污染物 EMC 水平仍显著低于国内城市。

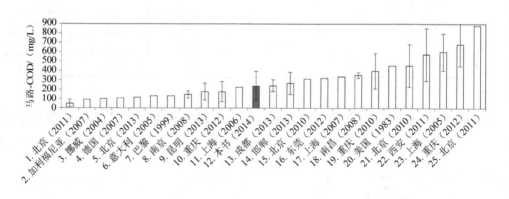

（图内序号代表 EMC 值的排序）

图 6.3　国内外城市马路下垫面降雨径流 COD 的 EMC 值分布

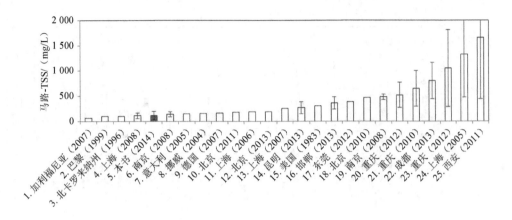

（图内序号代表 EMC 值的排序）

图 6.4 国内外城市马路下垫面降雨径流 TSS 的 EMC 值分布

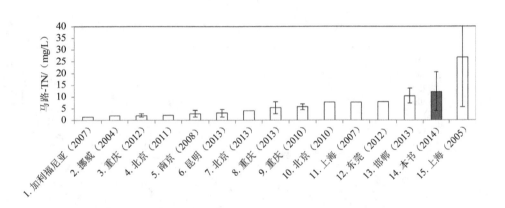

（图内序号代表 EMC 值的排序）

图 6.5 国内外城市马路下垫面降雨径流 TN 的 EMC 值分布

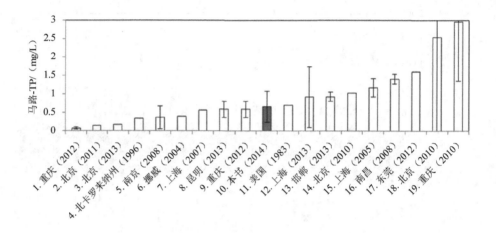

（图内序号代表 EMC 值排序）

图 6.6　国内外城市马路下垫面降雨径流 TP 的 EMC 值分布

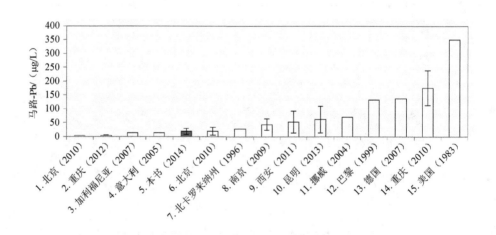

（图内序号代表 EMC 值的排序）

图 6.7　国内外城市马路下垫面降雨径流 Pb 的 EMC 值分布

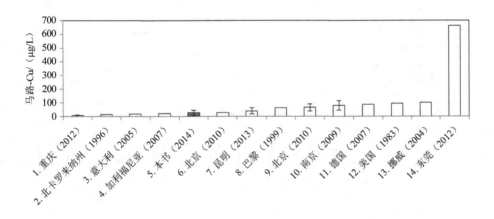

（图内序号代表 EMC 值的排序）

图 6.8　国内外城市马路下垫面降雨径流 Cu 的 EMC 值分布

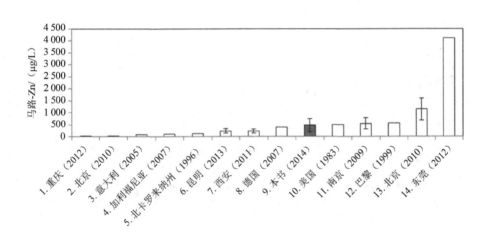

（图内序号代表 EMC 值的排序）

图 6.9　国内外城市马路下垫面降雨径流 Zn 的 EMC 值分布

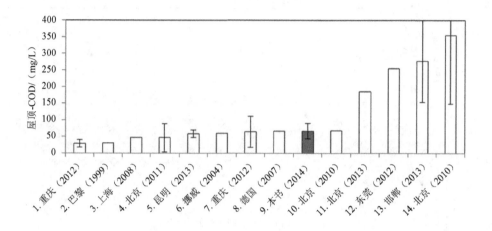

（图内序号代表 EMC 值的排序）

图 6.10　国内外城市屋顶下垫面降雨径流 COD 的 EMC 值分布

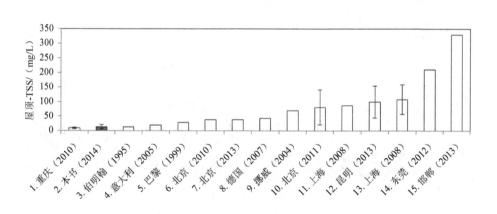

（图内序号代表 EMC 值的排序）

图 6.11　国内外城市屋顶下垫面降雨径流 TSS 的 EMC 值分布

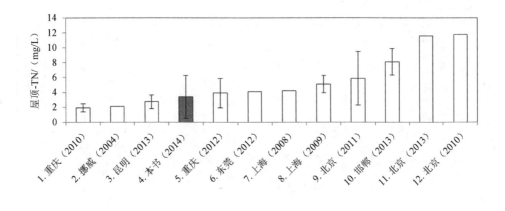

（图内序号代表 EMC 值的排序）

图 6.12　国内外城市屋顶下垫面降雨径流 TN 的 EMC 值分布

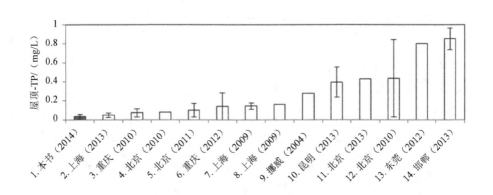

（图内序号代表 EMC 值的排序）

图 6.13　国内外城市屋顶下垫面降雨径流 TP 的 EMC 值分布

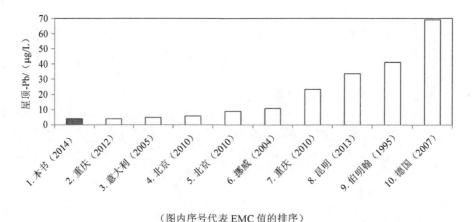

（图内序号代表 EMC 值的排序）

图 6.14   国内外城市屋顶下垫面降雨径流 Pb 的 EMC 值分布

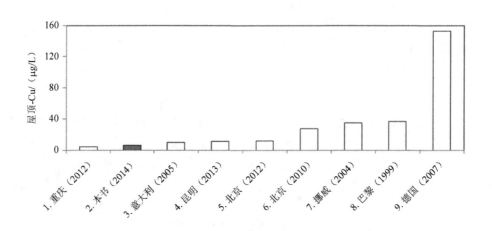

（图内序号代表 EMC 值的排序）

图 6.15   国内外城市屋顶下垫面降雨径流 Cu 的 EMC 值分布

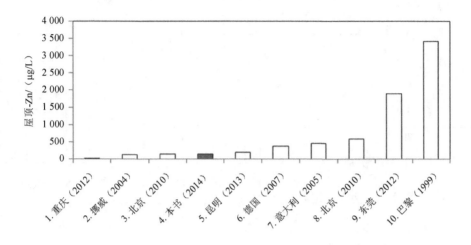

（图内序号代表 EMC 值的排序）

图 6.16 国内外城市屋顶下垫面降雨径流 Zn 的 EMC 值分布

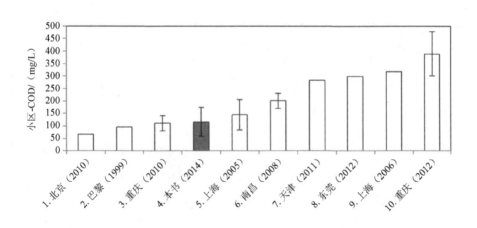

（图内序号代表 EMC 值的排序）

图 6.17 国内外城市小区下垫面降雨径流 COD 的 EMC 值分布

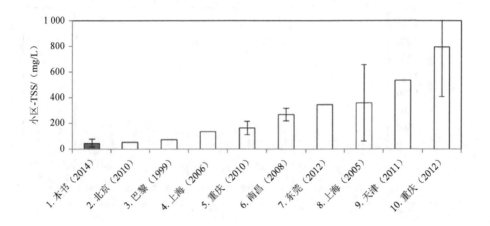

（图内序号代表 EMC 值的排序）

图 6.18　国内外城市小区下垫面降雨径流 TSS 的 EMC 值分布

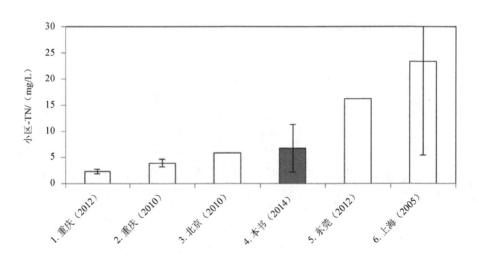

（图内序号代表 EMC 值的排序）

图 6.19　国内外城市小区下垫面降雨径流 TN 的 EMC 值分布

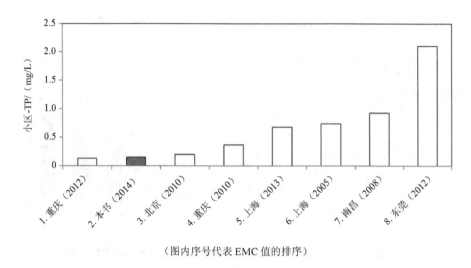

（图内序号代表 EMC 值的排序）

图 6.20　国内外城市小区下垫面降雨径流 TP 的 EMC 值分布

6.3.3　城市和种植农田比较——农田径流浓度显著高于大多数城区下垫面

图 6.21～图 6.24 展示了 4 个污染物指标在中心城区和农田各下垫面 EMC 的分布情况，从图中可以看出，农田降雨径流污染物 EMC 值普遍高于城区各下垫面，并具有显著性差异。其中 TN、DOC 和 NH_4^+ 三个指标差异性不是很大，但 TP 在两个区域间的差异性非常大。所以农田径流 N、P 以及城区径流 N 的拦截对水体富营养化的防治非常必要，同时两区域耗氧物质 DOC 的浓度都比较高。两区域 NH_4^+ 指标浓度不高，基本在地表Ⅲ类水质标准以下；TP 在城区大多数下垫面（广场和马路以外）的 EMC 值也在地表Ⅲ类水质标准以下。

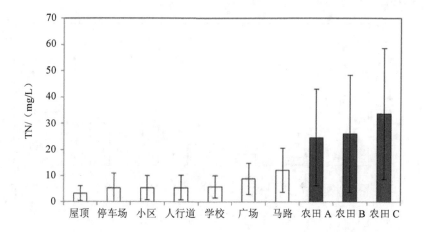

图 6.21　中心城区和农田各下垫面降雨径流 TN 的 EMC 值分布

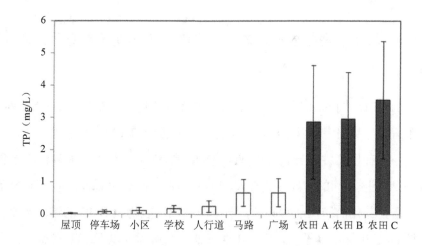

图 6.22　中心城区和农田各下垫面降雨径流 TP 的 EMC 值分布

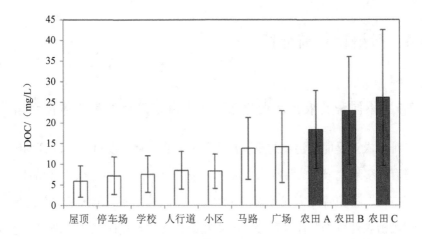

图 6.23　中心城区和农田各下垫面降雨径流 DOC 的 EMC 值分布

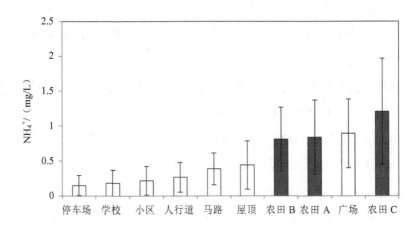

图 6.24　中心城区和农田各下垫面降雨径流 NH_4^+ 的 EMC 值分布

6.4　污染物负荷分析

6.4.1　不同种植农田之间比较——上海市测定结果总体高于国外

种植农业是面源污染的重要组成部分，自 20 世纪 50 年代就开始研究，国内外已有众多研究成果。种植农业面源污染受土壤性质、坡度、种植品种、施肥量、施肥方式、种植管理方式等因素影响，各地研究结果只能反映局部区域情况。为了解种植农业营养盐流失程度，本书将世界各地典型研究结果进行综述分析，以期发现它们的异同点及其相关影响因素。

图 6.25 列出了国内外 28 个地方 TN 流失负荷分布情况，各地方研究结果差异很大，变化范围为 0.17～74.75 kg/hm^2。从国内外对比来看，国外农田 TN 流失负荷总体小于国内农田，如美国农田（2008）的研究结果基本是国外研究的较高水平，为 14.2 kg/hm^2，但在 28 个研究结果中仅排名第 16 位，可能是因为国外在精准施肥和农业管理上做得更好的原因（Harmel et al.，2008）。从农业层次对比来看，粗放种植 TN 流失负荷总体小于集约化高产种植，如重庆经果林（2007）、浙江竹林（2013）、崇明果园（2010）研究结果的流失负荷分别排名第 1、4 和 8 位（万丹，2007；Zhang et al.，2013；钱晓雍等，2010），同时粗放种植较高值 3.0 kg/hm^2 远低于集约化种植较高值 12 kg/hm^2（Parn et al.，2012），可能是粗放种植施肥量远小于集约化种植。从种植方式来看，有机施肥种植 TN 流失负荷不一定低于传统化肥种植，河北有机施肥农田（2009）、美国有机肥牧场（2012）以及本书的研究结果分别排名第 10、21 和 22 位（赵林萍，2009；Sweeney et al.，2012），所以施肥方式不一定是营养盐流失负荷的决定性因素，施肥量和相应的管理方式同样是重要的影响因素。本书蔬菜农田是采用有机方式种植的，其营养盐的流失负荷与上海其他研究比较接近，但是从国内外研究结果来看，TN 流失负荷相对较高。

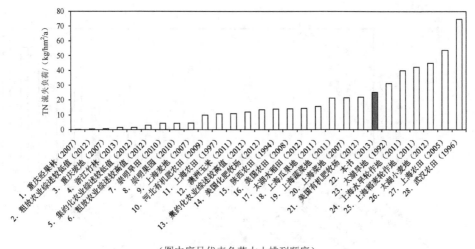

（图中序号代表负荷大小排列顺序）

图 6.25 各地种植农业降雨径流 TN 流失负荷分布

图 6.26 列出了国内外 21 个地方 TP 流失负荷分布情况，各研究结果差异很大，变化范围为 0.02～8.53 kg/hm²，总体水平为 TN 流失负荷的 10%。与 TN 相似，国外农田 TP 流失负荷总体小于国内农田，如美国农田（2008）的研究结果基本是国外研究的较高水平，为 2.2 kg/hm²，但在 28 个研究结果中仅排名第 13 位（Harmel et al.，2008）。粗放种植 TP 流失负荷总体小于集约化种植，如上海蔬果地（2011）、上海瓜果地（2011）和重庆经果林（2007）分别排名第 2、3 和 7 位（钱晓雍，2011；万丹，2007），粗放种植较高值 0.2 kg/hm² 远低于集约化种植较高值 1.9 kg/hm²（Parn et al.，2012）。本书的蔬菜农田有机种植方式，在 21 个研究结果中排名 16 位，TP 流失负荷在国内外研究结果中相对较高。

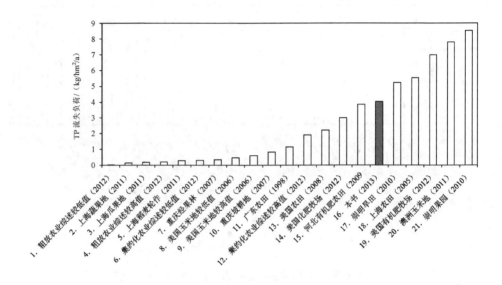

（图中序号代表负荷大小排列顺序）

图 6.26　各地种植农业降雨径流 TP 流失负荷分布

6.4.2　城市与种植农田比较——单位面积TP指标农田流失总量高于城区，TN 指标差异不大

在流域污染负荷的评估中，种植农业和城市面源污染是重要组成部分，对服务流域带来的污染影响都不容忽视。因非渗透下垫面径流的渗蓄能力差，城区面源污染的溢流现象比较频繁，而农田污染负荷主要发生在较大降雨事件上。就上海市相同面积的年产污负荷来看，农田径流产生的 TN 污染负荷小于城区的广场和马路下垫面，而其他下垫面相差不大（图 6.27）；但农田径流 TP 污染负荷显著高于城区下垫面（图 6.28），所以城区污染防治 N 的针对性更强，而农田污染防治 N、P 并重。

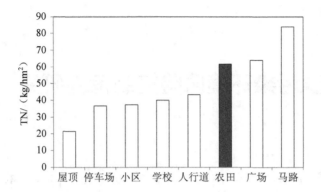

图 6.27　中心城区和农田各下垫面降雨径流 TN 年污染负荷值分布

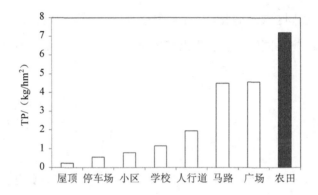

图 6.28　中心城区和农田各下垫面降雨径流 TP 年污染负荷值分布

7 面源污染环境风险控制措施研究

为了减少面源污染环境风险，20 世纪 80 年代就开始研究相应的污染控制措施，其中主要包括非工程管理措施和工程措施。非工程管理措施常用于污染源等治理，而工程措施主要控制径流和削减污染物。具体来讲，城市和种植农业显著不同，各个地理区域差别很大。本研究主要针对平原河网地区，系统分析与之相适应的常见措施，同时开展了重点措施研究，为面源污染环境风险防控提供技术参考。

7.1 城市

城市地表径流固体颗粒物质含量高、耗氧性污染物浓度高、排放随意，如果完全按照分流或截流方式输入城市污水处理厂，显然是不合理的。而将地表径流完全不经处理，排放到自然水域，也会造成受纳水体的严重污染问题。所以，近年来国内外对地表径流的管理控制措施进行了大量研究。如美国已经制定出暴雨径流排放法规，要求具有一定规模的开发活动都要采取地表径流控制措施，使受纳水体的水质在暴雨径流排入后仍然能满足原有水质功能要求，并颁布了一套暴雨径流最佳控制措施（BMP），BMP 方法分为两大类，即非工程措施和工程措施，如图 7.1 所示。非工程措施是指用加强管理来达到控制污染的目的，如清扫路面、限制除冰盐等；工程措施是指通过建造工程来达到控制污染的目的，如修建沉淀池、渗滤坑、多孔路面、滞留塘等。

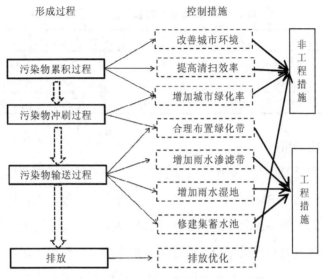

图 7.1　降雨径流污染控制措施结构图

7.1.1　常见措施分析——植草沟、生物滞留区、透水路面和绿色屋顶是污染控制常见措施

（1）植草沟

植草沟是指种植植被的景观性地表沟渠排水系统。一般沿街道或马路边建设，径流流经植草沟时，经植被过滤、颗粒物沉积、溶解性污染物入渗及土壤颗粒吸附后，不仅径流量得到削减，而且径流中污染物也得到有效去除。

根据降雨径流在植草沟中的传输方式，植草沟可分为干植草沟和湿植草沟。干植草沟，是指开阔的、覆盖植被的水流输送渠道，包括由人工改造土壤所组成的过滤层，以及过滤层底部铺设的地下排水系统；湿植草沟，是开阔的浅植物型沟渠，利用停留时间和自然生长力减少径流洪峰流量排放。大量研究表明，干植草沟强化了雨水的过滤、渗透和滞留能力，其径流截留率和污染物去除率明显优于湿植草沟，如表 7.1 所示。总体来讲，植草沟可适应各种环境，设计变通性强，造价相对较低，在具有缓坡的小型排水区域效果更好。

表 7.1　不同植草沟对营养盐的年去除效率

类型	地点	TN 去除率/%	TP 去除率/%	参考文献
湿植草沟	加利福尼亚州，美国	30	负值	Caltrans（2004）
干植草沟	俄勒冈州，美国	52	65	Fletcher et al.（2002）
干植草沟	马里兰州，美国	92	83	Reeves（2000）

（2）生物滞留区

生物滞留区最先是 1990 年在美国马里兰州乔治王子郡环境资源部被提出并发展，以替代传统 BMPs 的控制工程。生物滞留区一般建设在停车场或居民区附近，是低于路面的小面积洼地，下凹式绿地是生物滞留设施的一种，生物滞留区主要通过填料过滤与吸附作用，以及植物根系的吸收作用来净化雨水。生物滞留区一般下凹 10～30 cm，表面种植物，其填料自上而下通常为覆盖物、土壤、粗砂和砾石，地层一般设有排水管道。

生物滞留区设计标准不尽一致，总体设计结构依据当地土壤类型、环境状况和土地利用方式而定。总面积一般为 0.5～1 hm^2，但美国新泽西州甚至规定生物滞留区面积需达到 5 hm^2 以上。除了部分磷输出以及总氮截留效率低等问题外，生物滞留区对于减少径流污染负荷还是非常有效的，见表 7.2。

表 7.2　不同生物滞留区对营养盐的年去除效率

地点	TN 去除率/%	TP 去除率/%	参考文献
马里兰州，美国	49	65	Davis et al.（2006）
北卡罗来纳州，美国	38	32	Hunt et al.（2006）
北卡罗来纳州，美国	54	60	Passeport et al.（2009）

（3）透水路面

降雨过程中，渗入路面下方的雨水暂时储存在路面下的储水层中，降雨过后，雨水逐渐蒸发、下渗或由敷设的管道排放。常见的透水路面蓄排方式有下渗排放和管道排放两种。透水路面蓄排水的运用主要根据地下水水位、土壤渗透能力以及地区径流污染程度进行选择。对于透水路面的下渗排放，通常要求土壤黏土含量小于 30%，入渗率大于 7 mm/h，且底部与地下水位高差设置至少为 0.6～1.2 m。透水路面下层基质和土壤层也是天然的过滤层，降雨径流水质通过下渗也得到了一定程度的水质改善（表 7.3）。

表 7.3　不同透水路面对营养物质的年去除效率

地点	TN 去除率/%	TP 去除率/%	参考文献
乔治亚州，美国	负值	10	Dreelin et al.（2006）
北卡罗来纳州，美国	36	65	Bean et al.（2007）
北卡罗来纳州，美国	25	0	Collins et al.（2008）
新罕布什尔州，美国	—	38	UNH（2007）
康涅狄格州，美国	88	34	Gilbert and Clausen（2006）

（4）绿色屋顶

绿色屋顶技术作为城市暴雨管理的优势技术之一，20 世纪 80 年代，在德国等北欧地区得到迅速发展。随之，加拿大、美国等北美国家也开始发展该项技术，并建立了绿色屋顶组织机构以及制定绿色屋顶构建的相关标准，如德国的景观研究、发展与建筑协会，美国的绿色建筑评估体系等。绿色屋顶由多层材料构成，包括植被层、媒介层、土壤层、排蓄层、隔离层、结构层等。

绿色屋顶对降雨径流的削减主要是通过土壤及植物根系的吸附以及植物的蒸发共同实现的。一般来说，介质厚度、屋顶坡度、年降雨量、气候、前期晴天数等因素都会对绿色屋顶的径流截留能力产生影响，加之各地具体环境背景差异，很难进行同类比较。但总体来讲，不同地区绿色屋顶的年降雨径流的截留率为 45%～60%，如表 7.4 所示。尽管绿色屋顶可有效截留降雨径流，但在水质方面对 N、P 等营养物质的去除很不稳定，主要是土壤等介质出现了淋洗现象，但可以有效去除悬浮颗粒物及有机污染物（Kohler et al.，2006）。

表 7.4   不同绿色屋顶年降雨径流截留率

地点	年降雨径流截留率/%	参考文献
柏林，德国	54	Mentens et al.（2005）
多伦多，加拿大	54～76	Banting et al.（2005）
北卡罗来纳州，美国	40～45	Jarrett et al.（2007）
北卡罗来纳州，美国	55～63	Moran and Hunt（2005）
俄勒冈州，美国	69	Hutchinson et al.（2003）
宾夕法尼亚州，美国	45	Denardo et al.（2005）
密歇根州，美国	50～60	Vanwoert et al.（2005）

7.1.2   清扫措施重要性分析——加强道路清扫是非工程措施控制污染物的重要方法

（1）概述

道路沉积物材料包括人工材料或垃圾，生物材料如落叶，不同尺寸的沉积物和化学组分。道路沉积物包括营养成分、油脂类、重金属类、多环芳烃类和其他有毒成分，这些来源于干湿沉积物、车辆活动和其他人为来源。特别地，小颗粒物质含有更多的污染物组分和更大的可移动性，因此具有更大污染受纳水体的潜力（Lau et al.，2005）。在不同降雨时间，道路小颗粒随着风或者交通的搅动进入空气媒介中。本书 3.1.3.1 中的粒级效应分析也证实，小于 150 μm 颗粒物占 46%，其 TOC 含量基本在 65%以上。

为了减少雨水污染，各种最佳实践被建议，如雨水管的旋涡分离器、砂滤池等，而道路清扫被认为是一种最经济有效的措施。以前，道路清扫被认为只能清除较大的东西，如垃圾、砾石和植物等。现在，道路清扫被认为是暴雨水质管理中一项重要的管理实践，但较早的研究中认为道路的清扫不能有效减少污染物的浓度（Smith et al.，2002），因为它不能移除细小颗粒，清扫 100 μm 以下颗粒物的效率低于 20%，但仍然存在一定的争论（EPA，1983）。

清扫效率取决于清扫频率、清洁器的运转速度、清扫技术、操作者的细心程度和前期沉积物的污染负荷等（Curtis et al.，2002）。清洁器移除细颗粒的能力是阻止污染物排入接纳水体中的重要指标，有很多研究者认为只要采用正确的清扫工艺和操作方法，街道清扫可以改善暴雨径流水质（Selbig et al.，2007）。

（2）理论分析

本书第 3 章对非渗透下垫面沉积物累积过程进行了 1 个月的监测研究表明，沉积物在经过暴雨冲刷后，在晴天不断累积，8～10 d 后各下垫面沉积物逐渐接近最大值，整个变化过程为指数函数模型（图 7.2）。降雨后，各下垫面沉积物平均值为 1.4 g/m²，累积饱和平均值为 6.8 g/m²，这说明沉积物在晴天的累积量非常大。本书第 3 章对上海各行政区域马路和小区的下垫面沉积物的调查发现，沉积物分布的较低值接近于 3 g/m²，而最大值达到了 11 g/m²，其马路和小区平均值分别为 7.76 g/m² 和 5.94 g/m²，这说明下垫面沉积物累积重量分布差异很大，其中最重要的原因就是清扫水平，假如将马路沉积物重量限制在较低水平的 3 g/m²，那么马路沉积物重量将降低 60%，小区将降低 50%左右。王小梅研究发现，北京中心城区沉积物 Pb 浓度明显高于村庄，但由于村庄沉积物滞留量较大，其 Pb 总量反而更高，所以她认为清扫水平高低决定了污染物累积量的多少（王小梅，2011）。Zhao 等在 2011 年研究发现农村村庄和城市庄园比中心城区具有更大量的重金属，并提出改善道路清扫和道路表面是控制道路沉积物污染的有效办法（Zhao et al.，2011）。

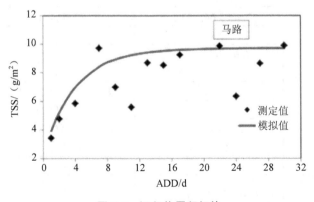

图 7.2 沉积物累积规律

从不同地区沉积物分布结果来看（表 7.5），在长沙（2003）工业区沉积物重量达到 88.13 g/m²，成都（1991）各下垫面沉积物重量达到了 20.2 g/m² 以上。但江苏仪征（1999）各下垫面沉积物在 1.25～2.34 g/m²，巴黎（1999）商业区也在 1.6～3.8 g/m²。从研究结果可以看出，上海市沉积物重量分布水平大幅低于长沙（2003）和成都（1990），也低于上海（2007），但是显著高于江苏仪征（1999）和巴黎（1999），进一步说明上海市通过改善道路清扫水平，能够大幅有效降低沉积污染物质量，削减降雨径流污染负荷。

表 7.5 城市非渗透下垫面沉积物重量分布

城市	平均值（范围）/（g/m²）	土地使用类型	年份
成都	20.2（2.6～235.2）	商业区	1991
	38.4（1.5～567.8）	居民区	
	41.7（7.7～349.4）	工业区	
	36.7（3.3～359.1）	交通区	
长沙	88.13	工业区	2003
	27.04	居民区	
	18.82	公园	
	30.1	交通区	
仪征（江苏）	2.34	工业区	1999
	2.17	居民区	
	1.25	商业区	
	2.08	交通区	
上海	12.4（5.04～23.2）	交通区	2007
	6.1（3.8～10.0）	学校	
	10.6（6.5～15.6）	居民区	
	11.8（7.3～16.78）	广场	
布利斯班，昆士兰州，澳大利亚	2.45	城郊居民区（ADD=2）	2006
	6.88	轻工业区（ADD=7）	
	15.89	商业区（ADD=1）	
Le Marais，巴黎	1.6～3.8	商业区	1999
	8.5～17	交通区	
悉尼，澳大利亚	7.24（3.57～18.73）	交通区	1998

（3）工程案例分析

从表 7.6 可以看出，不同清扫方式的效果差异很大，人工清扫沉积物重量总体去除率为 30.21%，小于 75 μm 沉积物仅 2.5%；刷扫车总体去除率水平提高到 69.3%，小于 75 μm 提高到 41.54%；水枪清扫总体去除率提高到 76.84%，而小于 75 μm 提高到 83.53%。同样，表 7.7 展示了国外两种经典清扫方式对比研究结果，真空吸尘器总体去除率为 74%，而机械清扫方式仅 47%。所以，通过国内外清扫措施的工程案例对比分析结果可以看出，改善清扫是降低路面沉积物重量、改善降雨径流污染负荷的有效方法，并且提高效率基本在 50% 以上。

表 7.6　不同清扫方式的清扫效果（段丙政，2014）

粒径/ μm	小区道路人工清扫			干道刷扫车清扫			干道高压水枪清扫		
	前/ (g/m²)	后/ (g/m²)	去除率/ %	前/ (g/m²)	后/ (g/m²)	去除率/ %	前/ (g/m²)	后/ (g/m²)	去除率/ %
>300	2.55	1.13	55.63	2.61	0.5	80.91	2.23	0.6	73.03
300~150	2.77	1.7	38.56	3.38	0.97	71.38	8.44	2.22	73.66
150~75	1.62	1.1	32.1	3.18	0.89	72.13	6.08	1.32	78.31
<75	3.29	3.21	2.5	1.73	1.01	41.54	3.95	0.65	83.53
总体	10.24	7.14	30.21	10.9	3.36	69.13	20.71	4.79	76.84

表 7.7　不同清扫方式去除率（Kang J，2009）

粒径/μm	组成比例/%	机械清扫去除率/%	真空吸尘去除率/%
0~43	5.9	15	81
43~104	9.7	20	60~78
104~246	27.8	48	57~78
246~840	24.6	60	78
840~2 000	7.6	66	78
>2 000	24.4	79	90
总体（<2 000）	76.6	47	74

7.2 种植农业

施肥、农田排水是引起地表水富营养化的主要因素之一。控制农业面源污染可以通过三条途径：一是降低农田的化肥施用量；二是在污染物向地表水迁移过程中加以截留和净化；三是在污染物汇入河流、湖泊后进行治理。

7.2.1 常见措施——合理施肥、控释肥施用可以从源头上减少污染流失，轮作、覆盖、缓冲带等可以从迁移途径上减少流失

（1）污染源控制

污染源控制包括控制土壤氮、磷肥施入的数量，改善施肥的方法，使土壤中的氮、磷浓度既能满足植物生长的需要，又不会对环境产生显著的危害。常见措施如下：

1）氮、磷肥的合理施用：减少氮、磷营养盐的流失首先应该降低氮、磷在土壤中的累积量，最根本的方法在于减少氮、磷肥的施用量（党廷辉等，2003；巨晓棠，2004），20世纪80年代欧洲一些国家逐渐出台了控制氮肥污染的法规和政策，例如，氮肥的年施用安全用量规定为 $225\ kg/hm^2$，种植收割后表层 1 m 土壤的氮素剩余量不超过 $50\ kg/hm^2$。张维理等提出蔬菜年施用氮肥的上限为 $500\ kg/hm^2$（张维理等，1995）。肥料施用方法的优化也是减少土壤氮、磷营养盐流失的重要措施，应该根据作物生长发育的需要及特点来确定合理的施用量和施肥时间，尽量采用埋施方法，此外还应根据当地气候特点来确定施肥时间，特别是较大降雨事件发生前不能施肥（张乃明，2001）。

2）有机肥配合施用：高质量有机肥的投入施用，可使农田养分全面并肥效持久，改善土壤结构且增加土壤水分和养分的保持能力（熊国华等，2005）。在蔬菜种植大田的实验结果表明，有机肥和无机肥配合施用，可显著降低土壤氮肥的流失（倪治华等，2002）。

3）硝化抑制剂和控释肥的施用：硝化抑制剂可有效抑制土壤 NH_4^+ 向 NO_3^- 的转化，减少 NO_3^- 在表层土壤的累积并减少其在降雨径流中的流失（许超等，2003）。控释肥可以根据作物生长需要来提供养分，减少肥料不必要的浪费（黄益宗等，2002；王新民等，2003；郑惠典，2003）。实验证明，硫包膜尿素施用的水稻田，氮肥损失减少 12%，尿素释放时间延长到 7.9 d（王家玉等，1996）。

（2）流失途径控制

1）轮作覆盖：完善的轮作体系中覆盖植物、截获植物的栽培，可大量吸收土壤中的可溶性氮肥，从而减少土壤氮肥的流失（廖绵浚，2003），轮作体系有利于氮素吸收量的提高（邹国元等，2004），而覆盖方法减少了地表径流和风蚀引起的水土流失（张克林等，2005）。在作物轮作的间隙期间，尤其是雨水充沛的夏季，种植覆盖作物能显著降低氮肥的流失，Burket 等研究表明，覆盖作物能够提高土壤质量，有效回收残余肥料以作为下茬作物的有效氮源（Burket et al.，1997）。Wyland 等研究表明，在花椰菜收割后，利用休闲作物能够使氮肥流失量降低 65%～70%，并显著提高下茬花椰菜的产量（Wyland et al.，1995）。因此，覆盖作物能够有效吸收土壤中残留的氮素，从而减少氮肥在土壤中的累积和流失。

2）改进灌溉方式：氮肥的淋失是伴随着水分向下移动而产生，以产量、经济效益和环境综合效益为目标来优化水肥管理，使肥料与灌溉的分配刚好与作物生长需求同步，是防止和减少氮肥流失的有效手段。Sexton 等采用可变亏缺触发器用以调整灌溉方案，促使硝酸盐淋失量降低了 50%～55%（Sexton et al.，1996）。Pang 等研究表明，灌溉均衡性是实现高产和低氮肥淋失量的必要前提（X P et al.，1997）。Diez 等研究证实改善灌溉措施肥粪的流失量可以减少 51%～81%（Diez et al.，2000）。喷灌 50 mm 的水，可将土壤表层的硝酸盐和施用的尿素淋洗到 5～20 cm 作物根系密集层，利于作物吸收而不产生深层渗漏损失（郭大应等，2000）。

3）建立缓冲带：植被缓冲带在保护水质和控制农业面源污染方面的作用得到了很多证实（Eghball et al.，2001；Dillaha et al.，1998）。例如，美国的植被过滤带、英国的植被缓冲区、新西兰的水边休闲地和中国的多塘法均是植被缓冲带的具体形式（Michael et al.，2002）。建立植被缓冲带，可以增加氮、磷元素吸收，有效拦截颗粒态氮、磷养分，从而有效降低肥料的流失量（Daniels et al.，1993）。缓冲带植被的密集程度对降低水速、增加颗粒物沉积有重要作用，但缓冲带随着时间的推移，其缓冲能力有减弱的趋势，可通过沉积物清理和重新种植来提高缓冲效率。

7.2.2　排水沟渠控制措施研究——将农田沟渠改造成生态滞留塘可有效减少平原河网地区农田污染流失

沟渠是农田排水汇入受纳水体的通道，是占地面积最大的农田排水设施。沟渠内生长有适应本地环境的水生植物，并在一年内周期性地生长变化，根据生态系统分类法，农田沟渠的基本功能有：保证农田排水和可溶性营养物质的流动；延长水体流动时间和促进营养盐循环；沟渠内植物对营养盐的吸收与释放；降解农田排出的除草剂；沟渠内植物是饲料和生物质的来源（郭亮华等，2011；郗敏等，2005）。近年来，由于农田营养盐流失导致受纳水体富营养化的问题越来越严重，国内外学者开始关注排水沟渠在农业生态系统中的净化作用，沟渠是农田和受纳水体的中间连接环节，其环境生态功能主要有以下方面。

（1）截留沉淀：污染物以地表径流和潜层渗流方式从农田进入沟渠，沟渠中密集的植物过滤带能够增加水体的水力粗糙度，降低水流速度，进而降低颗粒态污染物的输移能力，促进其在沟渠中的沉淀作用（涂安国等，2009）。截留颗粒态营养物质是控制降雨径流 N、P 和耗氧物质的关键，罗专溪等研究发现，在37.85 mm 降雨场次下自然沟渠去除降雨径流中的 N、P 负荷分别达到 $144.51\ \text{g/m}^2$ 和 $65.20\ \text{g/m}^2$（罗专溪等，2009）。

（2）水生植物吸收：植物会吸收生物体周围水体和底泥中的 N、P 营养物质用于自身组织合成，然后通过收割等形式进行营养盐移除，同时植物根系区域造成的好氧—缺氧环境，有利于硝化和反硝化反应的进行（徐红灯等，2007）。姜翠玲研究发现，沟渠种植芦苇每年能吸收移除 $818\ \text{kg N/hm}^2$ 和 $103.6\ \text{kg P/hm}^2$，茭白每年能吸收 131 kg N/hm^2 和 28.9 kg P/hm^2（姜翠玲，2004）。

（3）沉积物吸附：沟渠底部由土壤和植物死亡后产生的腐殖质等构成，有机物含量丰富且具有较大表面积，能有效吸附 N、P 等营养盐，然后通过间隙水向下迁移，通过矿化、反硝化以及植物吸收等方式移除（徐红灯等，2007）。沉积物对氨氮和磷酸盐的吸附是一个复合动力学过程，包括快速吸附和慢速吸附两种方式。快速吸附主要发生在 0～5 h 内（徐红灯等，2007）。徐红灯等研究发现，沉积物对氨氮的吸附和硝化量分别为 1.3 mg/g 和 0.15 mg/g（徐红灯等，2007）。

（4）微生物降解：沟渠中各种水生植物根茎网络以及沉积物表面为微生物提供了大量的栖息场所。微生物自身生长会吸收部分 N、P，同时沉积物创造的好氧和缺氧环境促使硝化和反硝化反应的进行，进而促使水体中氮以 N$_2$ 形式进行移除（王岩等，2009）。

平原河网地区沟渠在农田中的占地比例可达 5%～10%，同时沟渠常年水淹，水体较浅（30～50 cm），水体能处于一个好氧的状态，大多研究将沟渠作为湿地工程进行处理，但是对于平原河网地区，径流营养盐以溶解态为主（5.1.3 研究结果），沟渠对径流进行较长时间滞留，截留效果应该更好。为了节约农田用地，将原有沟渠改造为生态滞留塘，强化其对污染物的削减能力，实现农业面源污染物在迁移通道上的削减。改造后的沟渠雨天蓄存淡水资源，旱天再进行农田回灌，同时实现雨水循环利用的目的。

图 7.3～图 7.5 列出了 4 类滞留塘 COD、TN 和 TP 3 个指标在 5 场次降雨事件后不同时间的浓度分布水平，从中可以看出，降雨后随着时间的延长，各指标浓度都逐渐下降，说明沟渠滞留塘发挥了对营养盐和耗氧物质的截留作用。沟渠滞留塘接纳了降雨径流以及地下水潜在渗流水体，虽然发挥了净化作用，但沟渠面积较小，如果要长时间蓄积所有的径流，其上升水位很可能造成农田排水不畅，在平原河网地区地下水很低的情况下很容易发生涝渍，所以在考虑农田防涝因素时，需在降雨后 3 d 左右对滞留塘水位进行降低，以保证农田 50 cm 的地下水位落差。所以，滞留塘净化效果须在 3 d 时间体现出来，以便滞留塘排水。

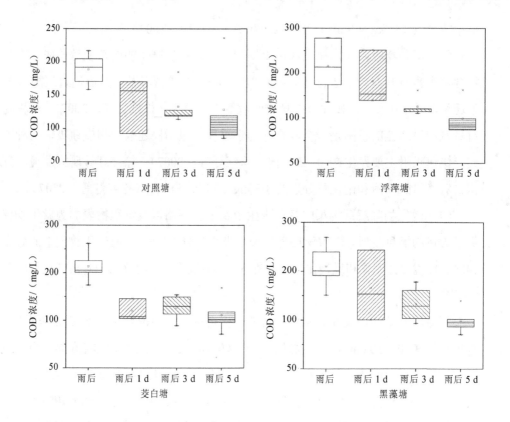

图 7.3　降雨后生态滞留塘不同时间 COD 浓度分布

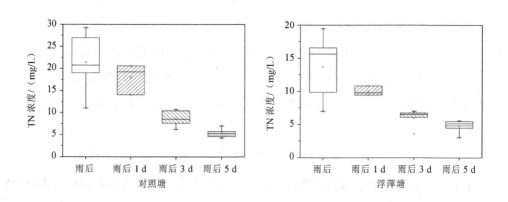

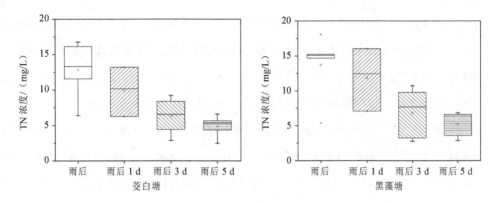

图 7.4 降雨后生态滞留塘不同时间 TN 浓度分布

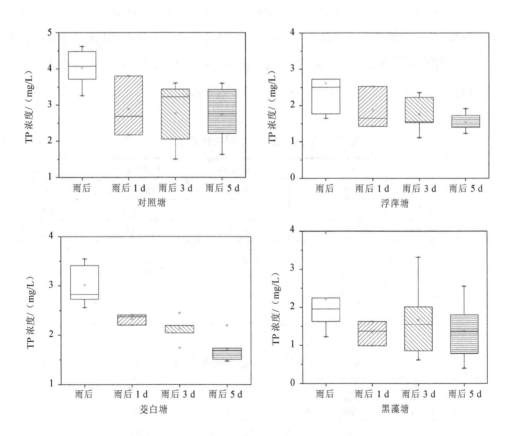

图 7.5 降雨后生态滞留塘不同时间 TP 浓度分布

表 7.8～表 7.10 列出了 4 类滞留塘 COD、TN 和 TP 3 个指标在 5 场次降雨事件后 3 d 的净化效果，从中可以看出，4 类滞留塘的净化效果都较好，其中 COD 净化效率在 36.63%以上、TN 净化效果在 50.03%以上，TP 净化效果在 22.74%以上。综合比较，茭白滞留塘的净化效果较好，COD 净化效果达到了 45.08%，TN 净化效果达到了 52.95%，TP 净化效果达到了 38.24%。因滞留塘水位较浅，平时保持一定水层，即充当了湿地缓冲区的功能（Puustinen et al.，2010），对氮的滞留能力，比河流和湖泊强（Alexander et al.，2000），其原因是较长的停留时间提供了沉积物—水层较好接触，促进底泥反硝化和沉积物中氮的累积，如每年脱氮速度可达到 9～70 kg/hm^2（Saunders et al.，2001），滞留比例达 66%～89%（Parn et al.，2012）。与 TN 一样，部分磷和颗粒态的 COD 会被植物拦截和底泥吸附而拦截下来（Drewry et al.，2011；Andersen et al.，2006）。较密集的植物缓冲区每年接受 0.8～14.5 kg/hm^2，最高达到 27.7 kg/hm^2（Puustinen et al.，2010）。

表 7.8 降雨后 3 d 生态滞留塘 COD 去除效率   单位：%

	对照塘	茭白塘	黑藻塘	浮萍塘
5 月 17 日	24.39	48.89	38.46	31.11
6 月 1 日	37.74	35.58	46.45	42.08
6 月 26 日	33.23	56.59	61.74	60.27
7 月 7 日	49.60	50.42	49.26	38.83
8 月 26 日	38.16	33.91	16.13	43.67
平均值	36.63	45.08	42.41	43.19
标准差	9.13	9.88	16.91	10.70

表 7.9 降雨后 3 d 生态滞留塘 TN 去除效率   单位：%

	对照塘	茭白塘	黑藻塘	浮萍塘
5 月 17 日	59.05	45.04	49.64	66.67
6 月 1 日	64.45	37.16	40.65	57.90
6 月 26 日	60.36	61.66	77.96	57.09

	对照塘	茭白塘	黑藻塘	浮萍塘
7月7日	61.31	61.50	46.67	56.47
8月26日	60.00	59.41	35.22	38.46
平均值	61.03	52.95	50.03	55.32
标准差	2.07	11.21	16.57	10.30

表7.10 降雨后3d生态滞留塘TP去除效率   单位：%

	对照塘	茭白塘	黑藻塘	浮萍塘
5月17日	11.85	47.30	47.08	54.66
6月1日	36.89	31.93	47.42	32.53
6月26日	23.32	35.67	20.84	43.89
7月7日	11.48	38.07	19.76	21.24
8月26日	30.17	38.20	16.16	46.85
平均值	22.74	38.24	30.25	39.83
标准差	11.19	5.67	15.62	13.08

茭白属于多年生植物，一次种植，还可每年收获食用茭白，具有一定的经济价值。同时，茭白滞留塘相比沉水植物更好构建，相比浮萍滞留塘，水体溶解氧更高，且不会造成泛滥现象，所以将沟渠改造为茭白滞留塘是平原河网地区种植农业较好的水质净化工程措施。

参考文献

Adachi K，Tainosho Y. Single Particle characterization of size-fractionated road sediments[J]. APPlied Geoehemistry，2005，20（5）：849-859.

Addiscott T M，Thomas D. Tillage，mineralization and leaching：phosphate[J]. Soil & Tillage Research，2000，53（3-4）：255-273.

Agency E. Attenuation of nitrate in the sub-surface environment science report SC030155/SR2[M]. UK：Environment Agency Rio House Waterside Drive. Aztec West Almondsbury. Bristol. BS32 4UU，2005.

Aitkenhead J A，Mcdowell W H. Soil C：N ratio as a predictor of annual riverine DOC flux at local and global scales[J]. Global Biogeochemical Cycles，2000，14（1）：127-138.

Alexander R B，Smith R A，Schwarz G E. Effect of stream channel size on the delivery of nitrogen to the Gulf of Mexico[J]. Nature，2000，403（6771）：758-761.

Allen A P，Gillooly J F. Towards an integration of ecological stoichiometry and the metabolic theory of ecology to better understand nutrient cycling[J]. Ecology Letters，2009，12（5）：369-384.

Andersen H E，Kronvang B. Modifying and evaluating a P index for Denmark[J]. Water Air and Soil Pollution，2006，174（1-4）：341-353.

Apple J K，Del Giorgio P A. Organic substrate quality as the link between bacterioplankton carbon demand and growth efficiency in a temperate salt-marsh estuary[J]. the ISME Journal，2007，1（8）：729-742.

Arango C P，Tank J L，Schaller J L，et al. Benthic organic carbon influences denitrification in streams with high nitrate concentration[J]. Freshwater Biology，2007，52（7）：1210-1222.

Armin G. Heavy Metals Associated with Storm Water Runoff from Elevated Roadways[D]. University of New Orleans，2002.

Arnold J G，Allen P M，Bernhardt G. A comprehensive surface-ground-water flow model[J]. J Hydrol，1993，142（1-4）：47-69.

Bai M J，Xu D，Zhang S H，et al. Spatial-temporal distribution characteristics of water-nitrogen and performance evaluation for basin irrigation with conventional fertilization and fertigation methods[J]. Agricultural Water Management, 2013, 126: 75-84.

Ball J E, Jenks R, Aubourg D. An assessment of the availability of pollutant constituents on road surfaces[J]. Science of the Total Environment, 1998, 2 (209): 243-254.

Banting D, Doshi H, Li J, et al. Report ón the Environmental Benefits and Costs of Green Roof Technology for the City of Toronto[R]. Earth and Environmental Technologies, 2005.

Barrett M E, Maliana J F, Charbeneau R J, et al. Characterization of Highway Runoff in the Austin, Texas Area[R]. Austin: The University of Texas, 1995.

Battin T J. Hydrodynamics is a major determinant of streambed biofilm activity: From the sediment to the reach scale[J]. Limnology and Oceanography, 2000, 45 (6): 1308-1319.

Behera P K. Urban stormwater quality control analysis[D]. Toronto, Ont, Canada: Univ. of Toronto, 2001.

Bertrand K J, Chebbo G, Saget A. Distribution of pollutant mass vs volume in stormwater discharges and the first flush phenomenon[J]. Water Research, 1998, 32 (8): 2341-2356.

Blackwell M S A, Hogan D V, Maltby E. The use of conventionally and alternatively located buffer zones for the removal of nitrate from diffuse agricultural run-off[J]. Water Science and Technology, 1999, 39 (12): 157-164.

Boyer E W, Hornberger G M, Bencala K E, et al. Overview of a simple model describing variation of dissolved organic carbon in an upland catchment[J]. Ecological Modelling, 1996, 86 (2-3): 183-188.

Brezonik P L, Stadelmann T H. Analysis and predictive models of stormwater runoff volumes, loads, and pollutant concentrations from watersheds in the Twin Cities metropolitan area, Minnesota.USA[J]. Water Research, 2002, 36 (7): 1743-1757.

Bris F J, Garnaud S, Apperry N, et al. A street deposit sampling method for metal and hydrocarbon contamination assessment[J]. Sci. Total Environ., 1999, 235 (1-3): 211-220.

Bruce K, Ferguson. Introduction to Stormwater: Concept, Purpose, Design[M]. John Wiley & Sons, Inc., 1998.

Burford M A, Lorenzen K. Modeling nitrogen dynamics in intensive shrimp ponds: the role of sediment remineralization[J]. Aquaculture, 2004, 229 (1-4): 129-145.

Burgin A J, Hamilton S K. Have we overemphasized the role of denitrification in aquatic ecosystems? A review of nitrate removal pathways[J]. Frontiers in Ecology and the Environment, 2007, 5 (2): 89-96.

Burket J Z, Hemphill D D, Dick R P. Winter cover crops and nitrogen management in sweet corn and broccolirotations[J]. Hort Science, 1997, 32 (4): 664-668.

Caltrans. California department of transportation, division of environmental Analysis[R]. BMP retrofit pilot program, 2004.

Campbell J L, Hornbeck J W, Mitchell M J, et al. Input-output budgets of inorganic nitrogen for 24 forest watersheds in the northeastern United States: A review[J]. Water Air and Soil Pollution, 2004, 151 (1-4): 373-396.

Carlyle G C, Hill A R. Groundwater phosphate dynamics in a river riparian zone: effects of hydrologic flowpaths, lithology and redox chemistry[J]. Journal of Hydrology, 2001, 247 (3-4): 151-168.

Chapman P J, Reynolds B, Wheater H S. Sources and controls of calcium and magnesium in storm runoff: the role of groundwater and ion exchange reactions along water flowpaths[J]. Hydrology and Earth System Sciences, 1997, 1 (3): 671-685.

Charbeneau R J, Barrett M E. Evaluation of methods for estimating stormwater pollutant loads[J]. Water Environment Research, 1998, 70 (7): 1295-1302.

Charlesworth S M, Lees J A. The application of some mineral magnetic measurements and heavy metal analysis for characterising fine sediments in an urban catchment, Coventry, UK[J]. Journal of Applied Geophysics, 2001, 48 (2): 113-125.

Charlesworth S M, Everett M, Mccarthy R, et al. A comparative study of heavy metal concentration and distribution in deposited street dusts in a large and a small urban area: Birmingham and Coventry, West Midlands, UK[J]. Environment International, 2003, 29 (5): 563-573.

Chen J, A B. Analytical Urban Storm Water Quality Models Based on Pollutant Buildup and Washoff Processes[J]. Journal of Environmental Engineering, 2006, 132 (10): 1314-1330.

Chen X M, Shen Q R, Pan G X, et al. Characteristics of nitrate horizontal transport in a paddy field of the Tai Lake region, China[J]. Chemosphere, 2003, 50 (6): 703-706.

China S E P A. Methods for Water Analysis, fourth ed.[J]. Environment Science Press, Beijing, China (in Chinese), 2002.

Claudia E M. Quantifying Diffuse and Point Inputs of Perfluoroalkyl Acids in a Nonindustrial River Catchment[J]. Environmental Science & Technology, 2011, 45 (23): 9901-9909.

Cogle A L, Keating M A, Langford P A, et al. Runoff, soil loss, and nutrient transport from cropping systems on Red Ferrosols in tropical northern Australia[J]. Soil Research, 2011, 49 (1): 87-97.

Cooke G D, Welch E B, Jones J R. Eutrophication of Tenkiller Reservoir, Oklahoma, from nonpoint agricultural runoff[J]. Lake and Reservoir Management，2011，27（3）：256-270.

Cooper A B，Smith C M，Smith M J. Effects of riparian set-aside on soil characteristics in an agricultural landscape-implications for nutrient transport and retention[J]. Agriculture Ecosystems & Environment，1995，55（1）：61-67.

Corwin D L，Vaughan P J. Modeling nonpoint source pollutants in the vadose zone with GIS[J]. Environmental Science and Technology，1997，31（8）：2157.

Coveney M F，Stites D L，Lowe E F，et al. Nutrient removal from eutrophic lake water by wetland filtration[J]. Ecological Engineering，2002，19（2）：141-159.

Crawford N H，Linsley R E. Digital simulation in hydrology：Stanford watershed model IV[J]. Evapotranspiration，1966，39.

Creams U. A field scale model for chemicals，runoff，and erosion from agricultural management system. Conservation Research Report No. 26. USDA[R]. Washington，D.C：Conservation Research Report，1980.

Curtis M C. Street sweeping for pollutant removal[R]. Rockville，Montgomery County，Md：Department of Environmental Protection，Watershed Management Division，2002.

Daniels R B，Gilliam J W. Sediment and chemical load reduction by grass and riparian filters[J]. Soil Science Society American Journal，1993，60：246-251.

Das S，Rudra R P，Goel P K，et al. Evaluation of AnnAGNPS in cold and temperate regions[J]. Water Science & Technology，2006，53（2）：263.

Davis A P，Shokouhian M，Sharma H，et al. Water quality improvement through bioretention media：Nitrogen and phosphorus removal[J]. Water Environment Research，2006，78（3）：284-293.

Day J P，Hart M，Robinson M S. Lead in urban street dust[J]. Nature，1975，253（5490）：343-345.

Deletic A B，Maksimovic C T. Evaluation of water quality factors in storm runoff from paved areas[J]. Journal of Environmental Engineering，1998，124（9）：869-879.

Deletic A，Orr D W. Pollution buildup on road surfaces[J]. Journal of Environmental Engineering，2005，131（1）：49-59.

Denardo J，Jarrett A，Manbeck H，et al. Stormwater mitigation and surface temperature reduction by green roofs[J]. Trans ASCE，2005，48（4）：1491-1496.

Dietz M E，Clausen J C. Stormwater runoff and export changes with development in a traditional and low impact subdivision[J]. Journal of Environmental Management，2008，87（4）：560-566.

Diez J A，Caballero R，Roman O R. Integrated fertilizer and irrigation management to reduce nitrate leaching in Central Spain[J]. Journal of Environmental Quality，2000，29（5）：1539-1547.

Dilks. D. W，Helfand J S，Bierman V J，et al. Field application of a steady-state mass balance model for hydrophobic organic chemical in an estuarine system[J]. Waterence & Technology，1993，28（8-9），263-271.

Dillaha T A，Reneau R B S，Mostaghimi. Vegetative filter strips for agricultural nonpoint source pollution control[J]. Trans ASAE，1998，32（2）：513-519.

Dittman J A，Driscoll C T，Groffman P M，et al. Dynamics of nitrogen and dissolved organic carbon at the Hubbard Brook Experimental Forest[J]. Ecology，2007，88（5）：1153-1166.

Domagalski J L，Johnson H M. Subsurface transport of orthophosphate in five agricultural watersheds，USA[J]. Journal of Hydrology，2011，409（1-2）：157-171.

Donner S D，Kucharik C J. Corn-based ethanol production compromises goal of reducing nitrogen export by the Mississippi River[J]. Proc Natl Acad Sci U S A，2008，105（11）：4513-4518.

Dougherty W J，Fleming N K，Cox J W，et al. Phosphorus transfer in surface runoff from intensive pasture systems at various scales：A review[J]. Journal of Environmental Quality，2004，33（6）：1973-1988.

Dreelin E A，Fowler L，Carroll C R. A test of porous pavement effectiveness on clay soils during natural storm events[J]. Water Research，2006，40：799-805.

Drewry J J，Newham L，Greene R. Index models to evaluate the risk of phosphorus and nitrogen loss at catchment scales[J]. Journal of Environmental Management，2011，92（3）：639-649.

Driscoll C T，Whitall D，Aber J，et al. Nitrogen pollution in the northeastern United States：Sources，effects，and management options [J]. Bioscience，2003（53）：357-374.

Driscoll E D，Shelley P E，Strecker E W. Pollutant loading and impacts from stormwater runoff. Analytical investigation and research report[R]. Federal highway administration，USA，1990.

Dufault R J，Hester A，Ward B. Influence of organic and synthetic fertility on nitrate runoff and leaching，soil fertility，and sweet corn yield and quality[J]. Communications in Soil Science and Plant Analysis，2008，39（11-12）：1858-1874.

Eban Zachary Bean，William Frederick Hunt，David Alan Bidelspach. Evaluation of Four Permeable Pavement Sites in Eastern North Carolina for Runoff Reduction and Water Quality Impacts[J]. Journal of Irrigation and Drainage Engineering，2007，133（6）：583-592.

Eckley C S，Branfireun B. Simulated rain events on an urban roadway to understand the dynamics of mercury mobilization in stormwater runoff[J]. Water Research，2009，43（15）：3635-3646.

Eghball B，Gilley J E，Kramer L A，等. 窄草篱对径流中氮、磷的影响[J]. 水土保持科技情报，2001（4）：7-8.

Egodawatta P, Thomas E, Goonetilleke A. Mathematical interpretation of pollutant wash-off from urban road surfaces using simulated rainfall[J]. Water Research, 2007, 41 (13): 3025-3031.

Egodawatta, Prasanna, Goonetilleke, et al. Understanding urban road surface pollutant wash-off and underlying physical processes using simulated rainfall[J]. Water Science and Technology, 2008, 57 (8): 1241-1246.

Ellis J B, Revitt D M. Incidence of heavy-metals in street surface sediments - solubility and grain-size studies[J]. Water, Air, and Soil Pollution, 1982, 17 (1): 87-100.

Ellis J B, Revitt D M, Harrop D O, et al. The contribution of highway surfaces to urban stormwater sediments and metal loadings[J]. The Science of the Total Environment, 1987, 59(none): 339-349.

Elser J J, Sterner R W, Gorokhova E, et al. Biological stoichiometry from genes to ecosystems[J]. Ecology Letters, 2000, 3 (6): 540-550.

USEPA. Results of the Nationwide Urban Runoff Program, Final Report[R]. U.S. Environmental Agency, 1983.

USEPA. Nonpoint sources pollution control program[R]. U.S. EPA, 1994.

USEPA. Economic benefits of runoff controls[R]. U.S. EPA, 1995.

USEPA. Managing nonpoint source pollution from households[R]. U.S. EPA, 1996.

Erik R. Planning of stormwater management with a new model for drainage best management practices[J]. Water science and technology, 1999, 39 (9): 253-260.

Fan A M, Steinberg V E. Health implications of nitrate and nitrite in drinking water: An update on methemoglobinemia occurrence and reproductive and developmental toxicity[J]. Regulatory Toxicology and Pharmacology, 1996, 23 (11): 35-43.

Field R, Pitt R.E. Urban storm-induced discharge impacts: US Environmental Protection Agency Technol[J]. research program review. Water Sci, 1990, 22 (10): 1-7.

Findlay S, Sobczak W V. Variability in removal of dissolved organic carbon in hyporheic sediments[J]. Journal of the North American Benthological Society, 1996, 15 (1): 35.

Fleming N K, Cox J W. Chemical losses off dairy catchments located on a texture-contrast soil: carbon, phosphorus, sulfur, and other chemicals[J]. Australian Journal of Soil Research, 1998, 36 (6): 979-995.

Fletcher T D, Peljo L, Fielding J, et al. the performance of vegetated swales for urban stormwater pollution control[Z]. Portland, Oregon: 2002.

Fuchs J W, Fox G A, Storm D E, et al. Subsurface transport of phosphorus in riparian floodplains: influence of preferential flow paths[J]. Journal of Environmental Quality, 2009, 38 (2): 473-484.

Galloway J N, Townsend A R, Erisman J W, et al. Transformation of the Nitrogen Cycle: Recent Trends, Questions, and Potential Solutions[J]. Science, 2008, 320 (5878): 889-892.

Geoffrey O'Loughlin and Wayne Huber and Bernard Chocat. Rainfall-runoff processes and modelling[J]. Journal of Hydraulic Research, 2010, 34 (6): 733-751.

Gilbert J K, Clausen J C. Stormwater runoff quality and quantity from asphalt, paver, and crushed stone driveways in Connecticut[J]. Water Research, 2006, 40 (4): 826-832.

Glikson M, Rutherford S, Simpson R W et al. Microscopic and submicron Components of atmospheric partieulate matter during high asthma periods in Brisbane Queensland, Australia[J]. Atmospherie Environment, 1995, 29 (4): 549-562.

Gnecco I, Berretta C, Lanza L G, et al. Storm water pollution in the urban environment of Genoa, Italy[J]. Atmospheric Research, 2005, 77 (1-4): 60-73.

Göbel P, Dierkes C, Coldewey W G. Storm water runoff concentration matrix for urban areas[J]. Journal of Contaminant Hydrology, 2007, 91 (1-2): 26-42.

Goodale C L, Aber J D, Vitousek P M, et al. Long-term Decreases in Stream Nitrate: Successional Causes Unlikely; Possible Links to DOC?[J]. Ecosystems, 2005, 8 (3): 334-337.

Goodale C L, Aber J D, Vitousek P M. An unexpected nitrate decline in new hampshire streams[J]. Ecosystems, 2003, 6 (1): 75-86.

Goonetilleke A, Egodawatta P, Kitchen B. Evaluation of pollutant build-up and wash-off from selected land uses at the Port of Brisbane, Australia[J]. Marine Pollution Bulletin, 2009, 58 (2): 213-221.

Granier L, Chevreuil M, Carru A M, et al. Urban runoff pollution by organochlorines(polychlorinated biphenyls and lindane) and heavy metals (lead, zinc and chromium) [J]. Chemosphere, 1990, 21 (9): 1101-1107.

Gregory W. Characklis, Mark R. Particles, metals, and water quality in runoff from large urban watershed[J]. Journal of Environmental Engineering, 1997, 123 (8): 753-759.

Gromaire M C, Garnaud S, Gonzalez A, et al. Characterisation of urban runoff pollution in Paris[J]. Water Sci Technol, 1999, 39 (2): 1-8.

Gromaire M C, Garnaud S, Saad M, et al. Contribution of different sources to the pollution of wet weather flows in combined sewers[J]. Water Res., 2001, 35 (2): 521-533.

Grottker M. Runoff quality from a street with medium traffic loading[J]. Science of the Total Environment, 1987, 59 (none): 457-466.

Haith D A. Land Use and Water Quality in New York River[J]. J. Envion. Eng. Div.ASCE, 1976, 102

（1）：1-15.

Haria A H, Shand P. Evidence for deep sub-surface flow routing in forested upland wales: implications for contaminant transport and stream flow generation[J]. Hydrology and Earth System Sciences, 2004, 8（3）：334-344.

Harmel D, Qian S, Reckhow K, et al. the manage database: Nutrient load and site characteristic updates and runoff concentration data[J]. Journal of Environment Quality, 2008, 37（6）：2403.

Harmel R D, Torbert H A, Haggard B E, et al. Water quality impacts of converting to a poultry litter fertilization strategy[J]. Journal of Environmental Quality, 2004, 33（6）：2229-2242.

Harned D A. Effects of highway runoff on streamflow and water quality in the Sevenmile Creek Basin, a rural area in the Piedmont Province of North Carolina, July 1981 to July 1982[R]. U.S. Geological Survey Water, 1988.

Heathwaite A L, Dils R M. Characterising phosphorus loss in surface and subsurface hydrological pathways[J]. Science of the Total Environment, 2000, 251（none）：523-538.

Hedges P D, Wren J H . The temporal and spatial variations in the aerial deposition of metals or a residential area adjacent to a motorway[J]. Science of The Total Environment, 1987, 59（none）：351-354.

Herngren L, Goonetilleke A, Ayoko G A. Analysis of heavy metals in road-deposited sediments[J]. Analytica Chimica Acta, 2006, 571（2）：270-278.

Hewitt C N, Rashed M B. Removal rates of seleeted Pollutants in the runoff Waters from a major highway[J]. Water Research, 1992, 26（3）：311-319.

Highway Stormwater Runoff study[R]. Michigan Department of Transportation, 1998.

Hill A R, Devito K J, Campagnolo S, et al. Subsurface denitrification in a forest riparian zone: Interactions between hydrology and supplies of nitrate and organic carbon[J]. Biogeochemistry, 2000, 51（2）：193-223.

Hoffmann C C, Berg P, Dahl M, et al. Groundwater flow and transport of nutrients through a riparian meadow - Field data and modelling[J]. Journal of Hydrology, 2006, 331（1-2）：315-335.

Hoffmann C C, Kjaergaard C, Uusi-Kamppa J, et al. Phosphorus retention in riparian buffers: review of their efficiency[J]. Journal of Environmental Quality, 2009, 38（5）：1942-1955.

Holman I P, Howden N, Bellamy P, et al. An assessment of the risk to surface water ecosystems of groundwater P in the UK and Ireland[J]. Science of the Total Environment, 2010, 408（8）：1847-1857.

Honisch M, Hellmeier C, Weiss K. Response of surface and subsurface water quality to land use changes[J]. Geoderma，2002，105（3-4）：277-298.

Howarth R W，Billen G，Swaney D，et al. Regional nitrogen budgets and riverine N&P fluxes for the drainages to the North Atlantic Ocean：Natural and human influences[J]. Biogeochemistry，1996，35（1）：75-139.

Huber W C，Dickinson R E. Storm Water Management Model，Version4：User's Manual[R]. Environmental Protection Agency，Athens，GA，1992.

Hunt W，Jarret A，Smith J，et al. Evaluation bioretention hydrology and nutrient removal at three field sites in North Carolina[J]. Journal of Irrigation and Drainage Engineering，2006，132（6）：600-612.

Huston R，Chan Y C，Gardner T，et al. Characterisation of atmospheric deposition as a source of contaminants in urban rainwater tanks[J]. Water Research，2009，43（6）：1630-1640.

Hutchinson D，Abrams P，Retzlaff R，et al. Stormwater monitoring of two ecoroofs in Portland，Oregon（USA）[C]. Chicago，Illinois：2003.

Inwood S E，Tank J L，Bernot M J. Patterns of denitrification associated with land use in 9 midwestern headwater streams[J]. Journal of the North American Benthological Society，2005，24（2）：227-245.

Irish J L B，Barrett M E，Malina J J F，et al. Use of regression models for analyzing highway storm-water loads[J]. Journal of Environmental Engineering，1998，124（10）：987-993.

James W，Thompson M K. Contaminants from four new pervious and impervious pavements in a parking lot[J]. Advances in modeling the management of stormwater impacts，1997，5（none）：207-222.

Jarrett A，Hunt B，Berghage R. Evaluating a spreadsheet model to predict green roof stormwater retention[C]. Wilmington，NC：2007.

Jaynes D B，Dinnes D L，Meek D W，et al. Using the late spring nitrate test to reduce nitrate loss within a watershed[J]. Journal of Environmental Quality，2004，33（2）：669-677.

Johnson L T，Royer T V，Edgerton J M，et al. Manipulation of the Dissolved Organic Carbon Pool in an Agricultural Stream：Responses in Microbial Community Structure，Denitrification，and Assimilatory Nitrogen Uptake[J]. Ecosystems，2012，15（6）：1027-1038.

Kaiser D E，Mallarino A P，Haq M U，et al. Runoff phosphorus loss immediately after poultry manure application as influenced by the application rate and tillage[J]. Journal of Environmental Quality，2009，38（1）：299-308.

Kang J. Storm-Water Management Using Street Sweeping[J]. Journal of Environmental Engineering-Asce，2009，135（7）：479-489.

Kayhanian M, Suverkropp C, Ruby A, et al. Characterization and prediction of highway runoff constituent event mean concentration[J]. Journal of Environmental Management, 2007, 85 (2): 279-295.

Kelly A. Collins, William F. Hunt, Jon M. Hathaway. Hydrologic Comparison of Four Types of Permeable Pavement and Standard Asphalt in Eastern North Carolina[J]. Journal of Hydrologic Engineering, 2008, 13 (12): 1146-1157.

Kleinman P, Needelman B A, Sharpley A N, et al. Using soil phosphorus profile data to assess phosphorus leaching potential in manured soils[J]. Soil Science Society of America Journal, 2003, 67 (1): 215-224.

Kleinman P, Sharpley A N. Effect of broadcast manure on runoff phosphorus concentrations over successive rainfall events[J]. Journal of Environmental Quality, 2003, 32 (3): 1072-1081.

Kleinman P, Srinivasan M S, Skarpley A N, et al. Phosphorus leaching through intact soil columns before and after poultry manure application[J]. Soil Science, 2005, 170 (3): 153-166.

Kleinman P, Srinivasan M S, Dell C J, et al. Role of rainfall intensity and hydrology in nutrient transport via surface runoff[J]. Journal of Environmental Quality, 2006, 35 (4): 1248-1259.

Knisel W G. Systems for evaluating nonpoint source pollution: an overview[J]. Mathematics and Computers in Simulation, 1982, 2 (24): 173-184.

Kobriger N K, Geinopolos A. Sources and migration of highway runoff pollutants. Volume 3. Research report. Final report 1978-1982[J]. Highways, 1984.

Kobriger N P. Sources and Migration of Highway Runoff Pollutants. Volume 1. Executive Summary. 1984.

Kohler, Manfred. Long-term vegetation research on two extensive green roofs in Berlin[J]. Urban Habitats, 2006, 4 (1): 3-26.

Konohira E, Yoshioka T. Dissolved organic carbon and nitrate concentrations in streams: a useful index indicating carbon and nitrogen availability in catchments[J]. Ecological Research, 2005, 20 (3): 359-365.

Koudelak P, West S. Sewerage network modelling in Latvia, use of info works CS and storm water management model 5 in Liepaja city[J]. Water and Environment Journal, 2008, 22 (2): 81-87.

Kull A, Kull A, Uuemaa E, et al. Modelling of excess nitrogen in small rural catchments[J]. Agriculture Ecosystems & Environment, 2005, 108 (1): 45-56.

Kundu M C, Mandal B. Nitrate enrichment in groundwater from long-term intensive Agriculture: Its mechanistic pathways and prediction through modeling[J]. Environmental Science & Technology,

2009，43（15）：5837-5843.

Kwong K，Bholah A，Volcy L，et al. Nitrogen and phosphorus transport by surface runoff from a silty clay loam soil under sugarcane in the humid tropical environment of Mauritius[J]. Agriculture Ecosystems & Environment，2002，91（1-3）：147-157.

La R. Storm water management model user's manual version 5.0. [R]. Cincinnati：National Risk Management Research Laboratory Office of Research and Development，2008.

Lamba J，Srivastava P，Way T R，et al. Nutrient Loss in Leachate and Surface Runoff from Surface-Broadcast and Subsurface-Banded Broiler Litter[J]. Journal of Environmental Quality，2013，42（5）：1574-1582.

Lapworth D J，Shand P，Abesser C，et al. Groundwater nitrogen composition and transformation within a moorland catchment，mid-Wales[J]. Science of the Total Environment，2008，390（1）：241-254.

Lau S，Stenstrom M K. Metals and PAHs adsorbed to street particles[J]. Water Research，2005，39（17）：4083-4092.

Lee J H，Bang K W，Ketchum Jr. L H，et al. First flush analysis of urban storm runoff[J]. Science of the Total Environment，2002，293（1－3）：163-175.

Lee P K，Touray J C. Characteristics of a polluted artificial soil locatd along a motorway and effects of acidification on the leaching behavior of heavy metals（Pb，Zn，Cd）[J]. Water Research，1998，32（11）：3425-3435.

Lehmann J，Lan Z D，Hyland C，et al. Long-term dynamics of phosphorus forms and retention in manure-amended soils[J]. Environmental Science & Technology，2005，39（17）：6672-6680.

Leytem A B，Turner B L，Raboy V，et al. Linking Manure Properties to Phosphorus Solubility in Calcareous Soils[J]. Soil ence Society of America Journal，2005，69（5）：1516-1524.

Li X，Poon C，Liu P S. Heavy metal contamination of urban soils and street dusts in Hong Kong[J]. Applied Geochemistry，2001，16（11）：1361-1368.

Little J L，Bennett D R，Miller J J. Nutrient and sediment losses under simulated rainfall following manure incorporation by different methods[J]. Journal of Environmental Quality，2005，34（5）：1883-1895.

Lloyd S D，Wong T H. Particulates，associated pollutants and urban stormwater treatment[Z]，1999.

Ma M，Khan S，Li S，et al. First flush phenomena for highways：how it can be meaningfully defined[Z]. Portland，Oregon：2003.

Mahbub P，Ayoko G A，Goonetilleke A，et al. Impacts of Traffic and Rainfall Characteristics on

Heavy Metals Build-up and Wash-off from Urban Roads[J]. Environmental Ence & Technology, 2010, 44（23）: 8904-8910.

Mahler B J, Metre P, Crane J L, et al. Coal-Tar-Based PavementSealcoat and PAHs: Implicationsfor the Environment, Human Health, and Stormwater Management[J]. Environmental Science & Technology, 2012, 46（6）: 3039-3045.

Mander U, Kuusemets V, Lohmus K, et al. Efficiency and dimensioning of riparian buffer zones in agricultural catchments[J]. Ecological Engineering, 1997, 8（4）: 299-324.

Mason C F. Biology of freshwater pollution[M]. Longman, 1981: 250.

Masoud kayhanian, Amardeep Singh, Claus Suverkropp, et al. Impact of Annual Average Daily Traffic on Highway Runoff Pollutant Concentrations[J]. Journal of Environmental Engineering, 2003, 129（11）: 975-990.

Mcdowell R W, Sharpley A N. Approximating phosphorus release from soils to surface runoff and subsurface drainage[J]. Journal of Environmental Quality, 2001, 30（2）: 508-520.

Mcdowell R W, Sharpley A N. Phosphorus losses in subsurface flow before and after manure application to intensively farmed land[J]. Science of the Total Environment, 2001, 278（1-3）: 113-125.

Mehler W T, You J, Maul J D, et al. Comparative analysis of whole sediment and porewater toxicity identification evaluation techniques for ammonia and non-polar organic contaminants[J]. Chemosphere, 2010, 78（7）: 814-821.

Mellander P E, Jordan P, Melland A R, et al. Quantification of Phosphorus Transport from a Karstic Agricultural Watershed to Emerging Spring Water[J]. Environmental Science & Technology, 2013, 47（12）: 6111-6119.

Mentens J, Raes D, Herving M. Green roof as a tool for solving rainwater runoff problems in the urbanized 21st century[J]. Landscape and Urban Planning, 2005, 3: 217-226.

Michael G D. Setting priorities for research on pollution reduction functions of agricultural buffer[J]. Environmental Management, 2002, 30（5）: 641-650.

Mittelstet A R, Heeren D M, Fox G A, et al. Comparison of subsurface and surface runoff phosphorus transport rates in alluvial floodplains[J]. Agriculture Ecosystems & Environment, 2011, 141（3-4）: 417-425.

Moran A, Hunt B. Green roof hydrologic and water quality performance in North Carolina[Z]. Tampa, FL: 2005.

Mulholland P J, Helton A M, Poole G C, et al. Stream denitrification across biomes and its response to anthropogenic nitrate loading[J]. Nature，2008，452（7184）：202-205.

Murdoch P S，Burns D A，Lawrence G B. Relation of climate change to the acidification of surface waters by nitrogen deposition[J]. Environmental Science & Technology，1998，32（11）：1642-1647.

Neung-Hwan Oh，Brian A. Pellerin，Philip A.M. Bachand，Peter J. Hernes，Sandra M. Bachand，Noriaki Ohara，M. Levent Kavvas，Brian A. Bergamaschi，William R. Horwath. The role of irrigation runoff and winter rainfall on dissolved organic carbon loads in an agricultural watershed[J]. Agriculture，Ecosystems and Environment，2013，179，2013，179（4）：1-10.

Nordeidet B，Nordeide T，åstebøl S O，et al. Prioritising and planning of urban stormwater treatment in the Alna watercourse in Oslo[J]. Science of the Total Environment，2004，334（none）：231-238.

Oeurng C，Sauvage S，Sanchez-Perez J M. Temporal variability of nitrate transport through hydrological response during flood events within a large agricultural catchment in south-west France[J]. Science of the Total Environment，2010，409（1）：140-149.

Osuch Pajdzinska E，Zawilski M. Model of storm sewer discharge，I：description[J]. Journal of Environmental Engineering，1998，124（7）：593-599.

Owens L B，Barker D J，Loerch S C，et al. Inputs and Losses by Surface Runoff and Subsurface Leaching for Pastures Managed by Continuous or Rotational Stocking[J]. Journal of Environmental Quality，2012，41（1）：106-113.

Paode R D，Sofuoglu S C，Sivadechathep J，et al. Dry deposition fluxes and mass size distributions of Pb，Cu，and Zn measured in southern Lake Michigan during AEOLOS[J]. Environmental Science & Technology，1998，32（11）：1629-1635.

Parn J，Pinay G，Mander U. Indicators of nutrients transport from agricultural catchments under temperate climate：A review[J]. Ecological Indicators，2012，22：4-15.

Passeport E，Hunt W F，Line D E，et al. Field Study of the Ability of Two Grassed Bioretention Cells to Reduce Storm-Water Runoff Pollution[J]. Journal of Irrigation & Drainage Engineering，2009，135（4）：505-510.

Pastén-Zapata E，Ledesma-Ruiz R，Harter T，et al. Assessment of sources and fate of nitrate in shallow groundwater of an agricultural area by using a multi-tracer approach[J]. Science of the Total Environment，2014，470-471（2）：855-864.

Pitt，Robert，Field，et al. Urban stormwater toxic pollutants：assessment，sources，and treatability[J]. Water Environment Research，1995，67（3）：260-275.

Pote D H，Kingery W L，Aiken G E，et al. Water-quality effects of incorporating poultry litter into perennial grassland soils[J]. Journal of Environmental Quality，2003，32（6）：2392-2398.

Puustinen M，Turtola E，Kukkonen M，et al. VIHMA-A tool for allocation of measures to control erosion and nutrient loading from Finnish agricultural catchments[J]. Agriculture Ecosystems & Environment，2010，138（3-4）：306-317.

Qin H, Khu S, Yu X. Spatial variations of storm runoff pollution and their correlation with land-use in a rapidly urbanizing catchment in China[J]. Science of the Total Environment，2010，408（20）：4613-4623.

Qin H，Tan X，Fu G，et al. Frequency analysis of urban runoff quality in an urbanizing catchment of Shenzhen，China[J]. Journal of Hydrology，2013，496：79-88.

Qualls R G H. Biodegradability of dissolved organic matter in forest throughfall，soil solution，and stream water[J]. Soil Science Society of America Journal，1992，56（2）：578.

Ram A S P，Nair S，Chandramohan D. Bacterial Growth Efficiency in the Tropical Estuarine and Coastal Waters of Goa，Southwest Coast of India[J]. Microbial Ecology，2003，45（1）：88-96.

Ran N，Agami M，Oron G. A pilot study of constructed wetlands using duckweed（*Lemna gibba L.*）for treatment of domestic primary effluent in Israel[J]. Water Research，2004，38（9）：2241-2248.

Randall G W，Mulla D J. Nitrate nitrogen in surface waters as influenced by climatic conditions and agricultural practices[J]. Journal of Environmental Quality，2001，30（2）：337-344.

Raty M，Uusi-Kamppa J，Yli-Halla M，et al. Phosphorus and nitrogen cycles in the vegetation of differently managed buffer zones[J]. Nutrient Cycling in Agroecosystems，2010，86（1）：121-132.

Redfield A. the biological control of chemical factors in the environment[J]. Am Sci，1958（46）：205-221.

Reeves E. Performance and Condition of Biofilters in the Pacific Northwest[R]. Ellicott City MD：Center for Watershed Protection，2000.

Romeis J J，Jackson C R，Risse L M，et al. Hydrologic and Phosphorus Export Behavior of Small Streams in Commercial Poultry-Pasture Watersheds[J]. Journal of the American Water Resources Association，2011，47（2）：367-385.

Ros G H，Hoffland E，van Kessel C，et al. Extractable and dissolved soil organic nitrogen—A quantitative assessment[J]. Soil Biology & Biochemistry，2009，41（6）：1029-1039.

Rossman L A. Storm Water Management Model User's Manual. 2007.

Rozemeijer J C，Van der Velde Y，Van Geer F C，et al. Improving load estimates for NO_3 and P in surface waters by characterizing the concentration response to rainfall events[J]. Environmental Science & Technology, 2010, 44 (16): 6305-6312.

Saget A, Chebbo G, Bertrand-Krajewski J. The first flush in sewer system[Z]. Dundee, UK: 1995, 58-65.

Sansalone J J, Buchberger S G, Al-Abed S R. Fractionation of heavy metals in pavement runoff[J]. Science of the Total Environment, 1996, 189-190 (96), 371-378.

Sansalone J J, Buchberger S G. Partitioning and first flush of metals in urban roadway storm water[J]. Journal of Environmental engineering, 1997, 123 (2): 134-143.

Sansalone J J, Koran J M, Simithson J A, et al. Physical characteristics of urban roadway soils transported during rain events[J]. Journal of Environmental Engineering, 1998, 124 (5): 427-440.

Sansalone J J, Tribouillard T. Variation in characteristics of abraded roadway particles as a function of particle size-implications for water quality and drainage[R]. Washington, D.C: Transportation Research Board, 1999.

Sansalone J J, Hird J P, Cartledge F K, et al. Event-based stormwater quality and quantity loadings from elevated urban infrastructure affected by transportation[J]. Water Environmental Research, 2005, 77 (4): 348-365.

Santos I R, de Weys J, Tait D R, et al. The contribution of groundwater discharge to nutrient exports from a coastal catchment: Post-Flood seepage increases estuarine N/P ratios[J]. Estuaries and Coasts, 2013, 36 (1): 56-73.

Sartor J D, Boyd G B, Agardy F J. Water pollution aspects of street surface contaminants[J]. Journal (Water Pollution Control Federation), 1974, 46 (3): 458-467.

Saunders D L, Kalff J. Nitrogen retention in wetlands, lakes and rivers[J]. Hydrobiologia, 2001, 443 (1-3): 205-212.

Schlesinger W H. On the fate of anthropogenic nitrogen[J]. Proceedings of the National Academy of Sciences of the United States of America, 2009, 106 (1): 203-208.

Schmidt B, Wang C P, Chang S C, et al. High precipitation causes large fluxes of dissolved organic carbon and nitrogen in a subtropical montane Chamaecyparis forest in Taiwan[J]. Biogeochemistry, 2010, 101 (1-3): 243-256.

Schroeder P D, Radcliffe D E, Cabrera M L. Rainfall timing and poultry litter application rate effects on phosphorus loss in surface runoff[J]. Journal of Environmental Quality, 2004, 33 (6): 2201-2209.

Seiler K P, von Loewenstern S, Schneider S. Matrix and bypass-flow in quaternary and tertiary sediments of agricultural areas in south Germany[J]. Geoderma, 2002, 105 (3-4): 299-306.

Selbig W R, Bannerman R T. Evaluation of street sweeping as a stormwater-Quality-management tool in three residential basins in Madison, Wisconsin[R]. U.S. Geological Survey, Reston, Va, 2007.

Sexton B T, Moncrief J F, Rosen C J. Optimizing nitrogen and irrigation input of corn based on nitrate leaching and yield ona coarse-textured soil[J]. Journal of Environmental Quality, 1996, 25 (5): 214-218.

Shaheen D G. Contributions of urban roadway usage to water pollution[M]. US Environmental Protection Agency, Office of Research and Development, 1975.

Sistani K R, Torbert H A, Way T R, et al. Broiler Litter Application Method and Runoff Timing Effects on Nutrient and Escherichia coli Losses from Tall Fescue Pasture[J]. Journal of Environmental Quality, 2009, 38 (3): 1216-1223.

Smil V. Nitrogen in crop production: An account of global flows[J]. Global Biogeochemical Cycles, 1999, 13 (2): 647.

Smith D R, Owens P R, Leytem A B, et al. Nutrient losses from manure and fertilizer applications as impacted by time to first runoff event[J]. Environmental Pollution, 2007, 147 (1): 131-137.

Smith K A, Chalmers A G, Chambers B J, et al. Organic manure phosphorus accumulation, mobility and management[J]. Soil Use and Management, 1998, 14 (s4): 154-159.

Smith K P. Effectiveness of three best management practices for highway-runoff quality along the Southwest Expressway, Boston, Massachusetts[R]. U.S. Dept. of the Interior, U.S. Geological Survey, Northborough, Mass, 2002.

Sobczak W V F. Variation in bioavailability of dissolved organic carbon among stream hyporheic flowpaths[J]. Ecology, 2002, 83 (11): 3194-3209.

Sobczak W V, Findlay S, Dye S. Relationships between DOC Bioavailability and Nitrate Removal in an Upland Stream: An Experimental Approach[J]. Biogeochemistry, 2003, 62 (3): 309-327.

Spencer S D R. The magnitude of improper waste discharges in an urban stormwater system[J]. Water Pollution Control Federation, 1986, 58 (7): 744-748.

Stadler S, Talma A S, Tredoux G, et al. Identification of sources and infiltration regimes of nitrate in the semi-arid Kalahari: Regional differences and implications for groundwater management[J]. Water Sa, 2012, 38 (2): 213-224.

Stanley D W. Pollutant removal by a stormwater dry detention pond[J]. Water Environment Research, 1996, 68 (6): 1076-1083.

Stelzer R S，Drover D R，Eggert S L，et al. Nitrate retention in a sand plains stream and the importance of groundwater discharge[J]. Biogeochemistry，2011，103（1-3）：91-107.

Stenstrom M K . First Flush Phenomenon Characterization[J]. Rainfall，2005.

Sterner R W，Elser J J. Ecological stoichiometry[J]. Princeton University Press，2002.

Stotz G.. Investigations of the properties of the surface water run-off from federal highways in the FRG[J]. 1987，59（none）：329-337.

Sweeney D W，Pierzynski G M，Barnes P L. Nutrient losses in field-scale surface runoff from claypan soil receiving turkey litter and fertilizer[J]. Agriculture，Ecosystems & Amp；Environment，2012，150（6）：19-26.

Taylor G D，Fletcher T D，Wong T H F，et al. Nitrogen composition in urban runoff implications for stormwater management[J]. Water Research，2005，39（10）：1982-1989.

Taylor P G，Townsend A R. Stoichiometric control of organic carbon-nitrate relationships from soils to the sea[J]. Nature，2010，464（7292）：1178-1181.

Thorolfsson S T. A New Direction in the Urban Runoff and Pollution Management in the City of Bergen，Norway[[J]. Water Science and Technology，1998，38（10）：123-130.

Tian S Y，Youssef M A，Skaggs R W，et al. Temporal Variations and Controlling Factors of Nitrogen Export from an Artificially Drained Coastal Forest[J]. Environmental Science & Technology，2012，46（18）：9956-9963.

Tian Y H，Yin B，Yang L Z，et al. Nitrogen runoff and leaching losses during rice-wheat rotations in Taihu Lake Region，China[J]. Pedosphere，2007，17（4）：445-456.

Tim U S，Jolly R，Liao H. Impact of landscape feature and feature placement on agricultural non-point source pollution control[J]. J. of Water Resource Planning Manage，1995，121（6）：463-470.

UNH. University of New Hampshire Stormwater Center[R]. Durham，NH，2007.

Vanwoert N，Rowe D，Anderson J，et al. Green roof stormwater retention：effects of roof surface，slope and media depth[J]. Journal of Environmental Quality，2005，34（3）：1033-1044.

Vaze J，et al. Experimental study of pollutant accumulation on an urban road surface[J]. Urban Water，2002，4（4）：379-389.

Verhoff F H，Melfi D A. Total phosphorus transport during storm events[J]. Journal of the Environmental Engineering Division，1978，5（104）：1021-1026.

Vieux B E，Needham S. Nonpoint pollution model sensitivity to grid-cell size[J]. J of Water Resour Plann Manage，1993，119（2）：141-157.

Ward B B. How Nitrogen Is Lost[J]. Science，2013，341（6144）：352-353.

Watmough S A，Eimers M C，Aherne J，et al. Climate effects on stream nitrate concentrations at 16 forested catchments in south central Ontario[J]. Environmental Science & Technology，2004，38（8）：2383-2388.

Wilcock R J，Nagels J W，Rodda H，et al. Water quality of a lowland stream in a New Zealand dairy farming catchment[J]. New Zealand Journal of Marine and Freshwater Research，1999，33（4）：683-696.

Wischmeier W H，Smith D D. Rainfall energy and its relationship to soil loss[J]. Eos，Transactions American Geophysical Union，1958，2（39）：285-291.

Wu J S，Allan C J，Saunders W L，et al. Characterization and pollutant loading estimation for highway runoff[J]. Journal of Environmental Engineering-Asce，1998，124（7）：584-592.

Wyland L J，Jackson L E，Schulbach K F. Soil-plant nitrogen dynamics following incorporation of mature rye cover crop in alettuce production system[J]. Journal of Agricultural Science（Cambridge），1995，124（1）：17-25.

X. P. Pang，J. Letey，L. Wu. Irrigation Quantity and Uniformity and Nitrogen Application Effects on Crop Yield and Nitrogen Leaching[J]. Soil Science Society of America Journal，1997，61（1）：261-271.

Ying G. Constitutive properties of particulates in urban dry deposition and source area rainfall-runoff loadings[D]. Florida：University of Florida，2007.

Yuan Y，Hall K，Oldham C. A preliminary model for predicting heavy metal contaminant loading from an urban catchment[J]. Sci Total Environ，2001，266（1-3）：299-307.

Yun H J，Yi S M，Kim Y P. Dry deposition fluxes of ambient particulate heavy metals in a small city，Korea[J]. Atmospheric Environment，2002（36）：5449-5458.

Zarnetske J P，Haggerty R，Wondzell S M，et al. Dynamics of nitrate production and removal as a function of residence time in the hyporheic zone[J]. Journal of Geophysical Research，2011，116（G1）.

Zhang Q C，Shamsi I H，Wang J W，et al. Surface runoff and nitrogen（N）loss in a bamboo（*Phyllostachys pubescens*）forest under different fertilization regimes[J]. Environmental Science and Pollution Research，2013，20（7）：4681-4688.

Zhao D，Chen J，Wang H. GIS-based urban rainfall-runoff modeling using an automatic catchment-discretization approach：a case study in Macau[J]. Environ Earth Sci，2009（59）：465-472.

Zhao H，Li X，Wang X，et al. Grain size distribution of road-deposited sediment and its contribution to heavy metal pollution in urban runoff in Beijing，China[J]. Journal of Hazardous Materials，2010，183（1-3）：203-210.

Zhao H，Li X，Wang X. Heavy Metal Contents of Road-Deposited Sediment along the Urban-Rural Gradient around Beijing and its Potential Contribution to Runoff Pollution[J]. Environmental Science & Technology，2011，45（17）：7120-7127.

Zhao H，Li X. Understanding the relationship between heavy metals in road-deposited sediments and washoff particles in urban stormwater using simulated rainfall[J]. Journal of Hazardous Materials，2013，246-247：267-276.

Zhao X，Zhou Y，Min J，et al. Nitrogen runoff dominates water nitrogen pollution from rice-wheat rotation in the Taihu Lake region of China[J]. Agriculture Ecosystems & Environment，2012，156（4）：1-11.

Zoppou C. Review of urban storm water models[J]. Environmental Modelling & Software，2001（16）：195-231.

边金钟，王建华，王洪起，等. 于桥水库富营养化防治前置库对策可行性研究[J]. 城市环境与城市生态，1994（3）：5-10.

常静，刘敏，许世远，等. 上海城市降雨径流污染时空分布与初始冲刷效应[J]. 地理研究，2006（6）：994-1002.

常静. 城市地表灰尘—降雨径流系统污染物迁移过程与环境效应[D]. 上海：华东师范大学，2007.

车伍，刘燕，李俊奇. 国内外城市雨水水质及污染控制[J]. 给水排水，2003（10）：38-42.

车伍，张伟，王建龙，等. 低影响开发与绿色雨水基础设施——解决城市严重雨洪问题措施[J]. 建设科技，2010（21）：48-51.

车武，刘燕，李俊奇. 北京城区面源污染特征及其控制对策[J]. 北京建筑工程学院学报，2002（04）：5-9.

陈晨. 添加秸秆对污染土壤重金属活度的影响及对水体重金属的吸附效应[D]. 扬州：扬州大学，2008.

陈文亮，唐克丽. SR 型野外人工模拟降雨装置[J]. 水土保持研究，2000，7（4）：106-110.

陈莹. 西安市路面径流污染特征及控制技术研究[D]. 西安：长安大学，2011.

代才江，杨卫东，王君丽，等. 最佳管理措施（BMPs）在流域农业非点源污染控制中的应用[J]. 农业环境与发展，2009（4）：65-67.

戴峰，李晓斐. 上海地区 13 种金属土壤背景值初探[J]. 上海环境科学，2009（6）：271-274.

戴朱恒. 从碳氮比变化看上海土壤的养分状况[J]. 上海农业科技, 1983（3）: 23-24.

党廷辉, 蔡贵信, 郭胜利, 等. 用 ^{15}N 标记肥料研究旱地冬小麦氮肥利用率与去向[J]. 核农学报, 2003（4）: 280-285.

党廷辉, 郭胜利, 郝明德. 黄土旱塬长期施肥下硝态氮深层累积的定量研究[J]. 水土保持研究, 2003（1）: 58-60.

邓红兵, 王青春, 王庆礼, 等. 河岸植被缓冲带与河岸带管理[J]. 应用生态学报, 2001（6）: 951-954.

丁疆华, 舒强. 人工湿地在处理污水中的应用[J]. 农业环境保护, 2000, 19（5）: 320-322.

丁年, 任心欣, 胡爱兵. 光明新区创建全国低冲击开发示范区的方案与实践[A]. 中国城市科学研究会、中国城镇供水排水协会、浙江省住房和城乡建设厅、宁波市人民政府. 第七届中国城镇水务发展国际研讨会论文集--S13: 城市防洪排涝与雨洪利用[C]. 中国城市科学研究会、中国城镇供水排水协会、浙江省住房和城乡建设厅、宁波市人民政府: 中国城市科学研究会, 2012: 6.

丁跃元. 德国的雨水利用技术[J]. 北京水利, 2002（6）: 38-40.

杜佩轩, 田晖, 韩永明, 等. 城市灰尘粒径组成及环境效应——以西安市为例[J]. 岩石矿物学杂志, 2002（01）: 93-98.

段丙政. 重庆老城区面源污染及街尘清扫措施研究[D]. 武汉: 华中农业大学, 2014.

方红远. 城市径流质量模型参数率定方法研究[J]. 环境科学进展, 1998（2）: 57-61.

傅明华, 承友松. 上海土壤磷素状况的研究[J]. 土壤学报, 1979, 16（4）: 372-379.

高小梅, 李兆麟, 贾雪, 等. 人工模拟降雨装置的研制与应用[J]. 辐射防护, 2000（2）: 86-90.

高樱红. 降水离子浓度总和与电导率的关系[J]. 化学分析计量, 2002, 11（2）: 62-63.

高原, 房国良, 胡龙, 等. 上海排水系统设计运行中的降雨因素分析[J]. 中国给水排水, 2012（20）: 24-27.

郭大应, 谢成春, 熊清瑞, 等. 喷灌条件下土壤中的氮素分布研究[J]. 灌溉排水, 2000（2）: 76-77.

郭红岩, 王晓蓉, 朱建国, 等. 太湖流域非点源氮污染对水质影响的定量化研究[J]. 农业环境科学学报, 2003（2）: 150-153.

郭红岩, 王晓蓉, 朱建国. 太湖一级保护区非点源磷污染的定量化研究[J]. 应用生态学报, 2004（1）: 136-140.

郭亮华, 何彤慧, 程志, 等. 沟渠湿地生态环境效应研究进展综述[J]. 水资源研究, 2011（1）: 24-27.

郭琳, 曾光明, 程运林. 城市街道地表物特性分析[J]. 中国环境监测, 2003（6）: 40-42.

韩秀娣. 最佳管理措施在非点源污染防治中的应用[J]. 上海环境科学, 2000 (3): 102-104.

郝丽岭. 重庆城市居民区不同下垫面降雨径流污染及其控制研究[D]. 重庆: 西南大学, 2012.

何流. 人工降雨模拟地表污染物冲刷规律及初期效应分析[D]. 武汉: 武汉理工大学, 2011.

贺宝根, 陈春根, 周乃晟, 等. 城市化地区径流系数及其应用[J]. 上海环境科学, 2003 (7): 472-475.

贺宝根, 周乃晟, 高效江, 等. 农田非点源污染研究中的降雨径流关系——SCS 法的修正[J]. 环境科学研究, 2001, 14 (3): 49-51.

侯培强, 任玉芬, 王效科, 等. 北京市城市降雨径流水质评价研究[J]. 环境科学, 2012, 33 (1): 71-75.

胡爱兵, 任心欣, 俞绍武, 等. 深圳市创建低影响开发雨水综合利用示范区[J]. 中国给水排水, 2010 (20): 69-72.

胡梦娇, 王先兵, 张斌, 等. 校园不同下垫面雨水径流水质监测分析[J]. 台州学院学报, 2012 (3): 16-24.

胡永定. 徐州沛沿河区域农业面源污染机理及控制技术研究[D]. 徐州: 中国矿业大学, 2010.

环境保护部. HJ 700—2014. 水质 65 种元素的测定 电感耦合等离子体质谱法[S]. 2014.

黄金良, 杜鹏飞, 欧志丹, 等. 澳门城市路面地表径流特征分析[J]. 中国环境科学, 2006 (4): 469-473.

黄益宗, 冯宗炜, 王效科, 等. 硝化抑制剂在农业上应用的研究进展[J]. 土壤通报, 2002 (4): 310-315.

黄毅, 曹忠杰. 单喷头变雨强模拟侵蚀降雨装置研究初报[J]. 水土保持研究, 1997, 4 (4): 105-110.

黄宗楚. 上海旱地农田氮磷流失过程及环境效应研究[D]. 上海: 华东师范大学, 2005.

姜翠玲. 沟渠湿地对农业非点源污染物的截留和去除效应[D]. 南京: 河海大学, 2004.

蒋海燕, 刘敏, 等. 上海城市降水径流营养盐氮负荷及空间分布[J]. 城市环境与城市生态, 2002, 15 (1): 15-17.

蒋海燕. 上海城市土壤、地表灰尘环境特征分析及其管理体系研究[D]. 上海: 华东师范大学, 2005.

金可礼, 赵彬斌, 陈俊, 等. 茜坑水库流域面源污染最佳管理措施研究[J]. 水资源与水工程学报, 2008 (5): 94-97.

巨晓棠, 刘学军, 张福锁, 等. 中国几个农业区的氮肥、土壤氮积累以及政策推荐[J]. AMBIO-人类环境杂志, 2004 (6): 278-283.

柯辉. 场地雨水生态化管理的低影响发展策略应用进展[J]. 农村经济与科技, 2009 (6): 75-76.

孔花. 山地城市绿地和水泥道路径流系数的研究[D]. 重庆：重庆大学，2012.

兰新怡. 小流域农田土壤氮磷淋失特性研究[D]. 南昌：南昌大学，2011.

李迪华，张坤. 低影响发展模式——可持续城市规划、景观设计与市政工程途径[J]. 江苏城市规划，2009（8）：21-25.

李定强，王继增，万洪富，等. 广东省东江流域典型小流域非点源污染物流失规律研究[J]. 土壤侵蚀与水土保持学报，1998（3）：13-19.

李贺，石峻青，沈刚，等. 高速公路雨水径流重金属污染特性研究[J]. 环境科学，2009（6）：1621-1625.

李贺，张秋菊，李田. 屋面径流污染物的出流类型与水质特性研究[J]. 中国给水排水，2009（9）：90-93.

李贺，张雪，高海鹰，等. 高速公路路面雨水径流污染特征分析[J]. 中国环境科学，2008，28（11）：1037-1041.

李红，傅智. 水泥混凝土路面与沥青路面粗集料技术指标的对比研究[J]. 公路，2005（11）：168-172.

李晶. 城市雨水径流污染控制理论与技术研究[D]. 天津：天津大学，2012.

李娟英，胡谦，陈美娜，等. 上海临港新城地表沉积物与径流重金属污染研究[J]. 上海海洋大学学报，2014（6）：882-889.

李倩倩，李铁龙，赵倩倩，等. 天津市路面雨水径流重金属污染特征[J]. 生态环境学报，2011（1）：143-148.

李青云. 北京典型村镇降雨径流水文、水质及污染特性的研究[D]. 北京：北京交通大学，2011.

李章平，陈玉成，杨学春，等. 重庆市主城区街道地表物中重金属的污染特征[J]. 水土保持学报，2006（1）：114-116.

廖绵浚. 水土保持作物百喜草研究[J]. 中国水土保持科学，2003（2）：8-17.

林海，熊志远. 具有综合功能的城市生态绿道规划——以嘉兴生态绿道为例[J]. 园林，2011（7）：24-27.

林莉峰，李田，李贺. 上海市城区非渗透性地面径流的污染特性研究[J]. 环境科学，2007，28（7）：1430-1434.

刘保莉. 雨洪管理的低影响开发策略研究及在厦门岛实施的可行性分析[D]. 厦门：厦门大学，2009.

刘兰岚. 上海市中心城区土地利用变化对径流的影响及其水环境效应研究[D]. 上海：华东师范大学，2007.

刘文祥. 人工湿地在农业面源污染控制中的应用研究[J]. 环境科学研究，1997（4）：18-22.

刘忠翰, 彭江燕. 滇池流域农业区排水水质状况的初步调查[J]. 云南环境科学, 1997 (2): 6-9.

鲁雄飞. 城市主干道初期雨水污染特征研究[D]. 成都: 西南交通大学, 2013.

罗专溪, 朱波, 唐家良, 等. 自然沟渠控制村镇降雨径流中氮磷污染的主要作用机制[J]. 环境科学学报, 2009 (3): 561-568.

吕金刚, 毕春娟, 陈振楼, 等. 上海市崇明岛农田土壤中多环芳烃含量及来源分析[Z]. 中国黑龙江哈尔滨, 2011, 112-113.

马立珊, 汪祖强, 张水铭, 等. 苏南太湖水系农业面源污染及其控制对策研究[J]. 环境科学学报, 1997 (1): 40-48.

马琳. 上海市降水中水溶性离子组成特征及源解析研究[D]. 上海: 复旦大学, 2011.

马英. 城市降雨径流面源污染输移规律模拟及初始冲刷效应研究[D]. 广州: 华南理工大学, 2012.

倪治华, 马国瑞. 有机无机生物活性肥料对蔬菜作物生长及土壤生物活性的影响[J]. 土壤通报, 2002 (3): 212-215.

欧阳威, 王玮, 郝芳华, 等. 北京城区不同下垫面降雨径流产污特征分析[J]. 中国环境科学, 2010 (09): 1249-1256.

潘华. 城市地表径流污染特性及排污规律的研究[D]. 西安: 长安大学, 2005.

庞金华, 汪雅各, 查健生, 等. 上海土壤的 Cu、Zn、Mn、Co、As、Fe、Mo 和总稀土元素背景值及影响因素[J]. 上海农业学报, 1992 (2): 65-68.

彭琳, 王继增, 卢宗藩. 黄土高原旱作土壤养分剖面运与坡面流失的研究[J]. 西北农业学报, 1994, 3 (1): 62-66.

钱晓雍, 沈根祥, 黄丽华, 等. 崇明东滩地区砂质旱田氮磷径流流失特征研究[J]. 水土保持学报, 2010, 24 (02): 11-14.

钱晓雍. 上海淀山湖区域农业面源污染特征及其对淀山湖水质的影响研究[D]. 上海: 复旦大学, 2011.

邱卫国. 农业氮素流失规律及河网污染控制研究[D]. 南京: 河海大学, 2007.

任杨俊, 李建牢, 赵俊侠. 国内外雨水资源利用研究综述[J]. 水土保持学报, 2000 (1): 88-92.

任玉芬, 王效科, 欧阳志云, 等. 北京城区道路沉积物污染特性[J]. 生态学报, 2013 (8): 2365-2371.

沈晋, 王文焰, 沈冰. 动力水文实验研究[M]. 西安: 陕西科学技术出版社, 1991.

施国飞. 昆明市城市住宅小区径流雨水水质特性及资源化利用研究[D]. 昆明: 昆明理工大学, 2013.

施为光. 街道地表物的累积与污染特征——以成都市为例[J]. 环境科学, 1991 (3): 18-23.

施为光. 城市降雨径流长期污染负荷模型的探讨[J]. 城市环境与城市生态, 1993 (2): 6-10.

施泽明，倪师军，张成江，等. 成都市城市土壤中重金属的现状评价[J]. 成都理工大学学报（自然科学版），2005（4）：391-395.

石生新. 高强度人工降雨条件下地面坡度、植被对坡面产沙过程的影响[J]. 山西水利科技，1996（3）：77-80.

宋迁凤. 重庆市某城区地表降雨径流污染特征研究[D]. 重庆：重庆大学，2012.

谭琼，李田，高秋霞. 上海市排水系统雨天出流的初期效应分析[J]. 中国给水排水，2005，21（11）：26-30.

唐宁远，车伍，潘国庆. 城市雨洪控制利用的雨水径流系数分析[J]. 中国给水排水，2009，25（22）：4-8.

田少白. 北方城市雨水径流污染特征及生态化利用研究[D]. 邯郸：河北工程大学，2013.

田渊俊雄，高村义亲. 集水域磷素流失研究[M]. 东京：东京大学出版会，1985：75-129.

涂安国，尹炜，陈德强，等. 多水塘系统调控农业非点源污染研究综述[J]. 人民长江，2009（21）：71-73.

万丹. 紫色土不同利用方式下土壤侵蚀及氮磷流失研究[D]. 重庆：西南大学，2007.

王宝山. 城市雨水径流污染物输移规律研究[D]. 西安：西安建筑科技大学，2011.

王彪，李田，孟莹莹，等. 屋面径流中营养物质的分布形态研究[J]. 环境科学，2008（11）：3035-3042.

王彩绒. 太湖典型地区蔬菜地氮磷迁移与控制研究[D]. 杨凌：西北农林科技大学，2006.

王和意，刘敏，刘巧梅，等. 城市降雨径流非点源污染分析与研究进展[J]. 城市环境与城市生态，2003，16（6）：283-285.

王和意. 上海城市降雨径流污染过程及管理措施研究[D]. 上海：华东师范大学，2005.

王虎. 公路路面表面排水设计方法及排水能力研究[D]. 重庆：重庆交通大学，2011.

王家玉，郑纪慈，施丹潮，等. 高效覆膜尿素农化特性鉴定及利用研究[J]. 浙江农业学报，1996（1）：25-30.

王建龙，车伍，易红星. 基于低影响开发的雨水管理模型研究及进展[J]. 中国给水排水，2010（18）：50-54.

王庆仁，李继云. 论合理施肥与土壤环境的可持续性发展[J]. 环境科学进展，1999（2）：117-125.

王小梅. 北京地区街尘径流污染特征及潜在污染负荷估算[D]. 哈尔滨：东北林业大学，2011.

王新民，介晓磊，侯彦林. 中国控释肥料的现状与发展前景[J]. 土壤通报，2003（6）：572-575.

王岩，王建国，李伟，等. 三种类型农田排水沟渠氮磷拦截效果比较[J]. 土壤，2009，41（6）：902-906.

王业雷. 南昌市城区降雨径流污染过程与防治措施研究[D]. 南昌：南昌大学，2008.

韦鹤平. 环境系统工程[M]. 上海：同济大学出版社，1993：180-185.

魏孜. 村镇庭院降雨径流水质与污染特征的研究[D]. 北京：北京交通大学，2011.

温莉，彭灼，吴珮琪. 低冲击开发理念指导下的城市空间利用策略[Z]. 中国重庆：2010.11.

吴晓丹. 上海中心城区暴雨积水机理分析[D]. 上海：华东师范大学，2012.

武晟，汪志荣，张建丰，等. 不同下垫面径流系数与雨强及历时关系的实验研究[J]. 中国农业大学学报，2006，11（5）：55-59.

武晟. 西安市降雨特性分析和城市下垫面产汇流特性实验研究[D]. 西安：西安理工大学，2004.

郗敏，吕宪国，刘红玉. 人工沟渠的生态环境效应研究综述[J]. 生态学杂志，2005（12）：1471-1476.

夏青. 城市径流污染系统分析[J]. 环境科学学报，1982，4（2）：6-10.

肖海文. 城市径流特征与人工湿地处理技术研究[D]. 重庆：重庆大学，2010.

谢德体，张文，曹阳. 北美五大湖区面源污染治理经验与启示[J]. 西南大学学报（自然科学版），2008（11）：81-91.

熊国华，林咸永，章永松，等. 施用有机肥对蔬菜保护地土壤环境质量影响的研究进展[J]. 科技通报，2005（1）：84-90.

徐红灯，席北斗，王京刚，等. 水生植物对农田排水沟渠中氮、磷的截留效应[J]. 环境科学研究，2007（2）：84-88.

徐红灯，席北斗，翟丽华. 沟渠沉积物对农田排水中氨氮的截留效应研究[J]. 农业环境科学学报，2007（5）：1924-1928.

许超，吴良欢，冯涓，等. 硝化抑制剂 DMPP 对菜园土壤铵态氮与硝态氮含量的影响[J]. 湖南农业大学学报（自然科学版），2003（5）：388-390.

阎伍玖，王心源. 巢湖流域非点源污染初步研究[J]. 地理科学，1998（3）：263-267.

阎自申. 前置库在滇池流域运用研究[J]. 云南环境科学，1996（2）：33-35.

杨文磊. 雨水利用在日本[J]. 水利天地，2001，20（8）：35

杨文龙，黄永泰，杜娟. 前置库在滇池非点污染源控制中的应用研究[J]. 云南环境科学，1996，15（4）：8-10.

叶建锋，操家顺. 生态修复技术在保护水库水源地中的应用[J]. 环境科学与技术，2004（2）：61-63.

叶建锋. 垂直潜流人工湿地中污染物去除机理研究[D]. 上海：同济大学，2007.

尹澄清. 城市面源污染的控制原理和技术[M]. 北京：中国建筑工业出版社，2009.

袁爱萍. 美国人工降雨模拟设备的引进与应用[J]. 北京水利，2004（6）：36-37.

张大弟，张晓红，戴育民. 上海市郊 4 种地表径流污染负荷调查与评价[J]. 上海环境科学，1997

（9）：7-11.

张凤杰. 铜在土壤上的吸附行为及共存污染物对其吸附的影响[D]. 大连：大连理工大学，2013.

张晶晶. 城市降雨径流中重金属污染特征与污染负荷[D]. 上海：华东师范大学，2011.

张菊. 上海城市街道灰尘重金属污染研究[D]. 上海：华东师范大学，2005.

张克林，程秀英. 秸秆覆盖的水土保持生态环境效应[J]. 水利科技与经济，2005，11（7）：
　434-435.

张乃明. 施肥对蔬菜中硝酸盐累积量的影响[J]. 土壤肥料，2001（2）：37-38.

张千千，王效科，高勇，等. 绿色屋面降雨径流水质及消减污染负荷的研究[J]. 生态学报，2015，
　35（10）：3454-3463.

张善发，李田，高廷耀. 上海市地表径流污染负荷研究[J]. 中国给水排水，2006，22（21）：
　57-60，63.

张维理，田哲旭，张宁，等. 我国北方农用氮肥造成地下水硝酸盐污染的调查[J]. 植物营养与
　肥料学报，1995（02）：82-89.

张光岳，张红，杨长军，等. 成都市道路地表径流污染及对策[J]. 城市环境与城市生态，2008，
　021（004）：18-21.

章北平. 东湖农业区径流污染的黑箱模型[J]. 武汉城市建设学院学报，1996（03）：3-7.

章明奎. 农业系统中氮、磷的最佳管理实践[M]. 北京：中国农业出版社，2005：1-45.

赵冬泉，陈吉宁，佟庆远，等. 基于 GIS 的城市排水管网模型拓扑规则检查和处理[J]. 给水排
　水，2008，34（5）：106-109.

赵冬泉，陈吉宁，王浩正，等. 城市降雨径流污染模拟的水质参数局部灵敏度分析[J]. 环境科
　学学报，2009（6）：1170-1177.

赵冬泉，佟庆远，王浩正，等. SWMM 模型在城市雨水排除系统分析中的应用[J]. 给水排水，
　2009（5）：198-201.

赵剑强，邱艳华. 公路路面径流水污染与控制技术探讨[J]. 长安大学学报（建筑与环境科学版），
　2004（3）：50-53.

赵剑强，孙奇清. 城市道路路面径流水质特性及排污规律[J]. 长安大学学报（自然科学版），
　2002（2）：21-23.

赵晶，李迪华. 城市化背景下的雨洪管理途径——基于低影响发展的视角[J]. 城市问题，2011
　（9）：95-101.

赵林萍. 施用有机肥农田氮磷六是模拟研究[D]. 武汉：华中农业大学，2009.

郑惠典. 控释肥料推广施用的意义与措施[J]. 生态环境，2003（3）：376-378.

中华人民共和国环境保护部　中华人民共和国国家统计局　中华人民共和国农业部. 第一次全

国污染源普查公报[N]. 人民日报，2010-02-10（016）.

钟勇. 美国水土保持中的缓冲带技术[J]. 中国水利，2004（10）：63-65.

周栋. 城市降雨径流磷污染负荷及河岸带生态阻控技术研究[D]. 上海：华东师范大学，2013.

朱继业，窦贻俭. 城市水环境非点源污染总量控制研究与应用[J]. 环境科学学报，1999（4）：415-420.

朱荫湄. 施肥与地面水富营养化[M]. 北京：中国农业科技出版社，1994.

朱兆良，文启孝. 中国土壤氮素[M]. 南京：江苏科学技术出版社，1992.

诸葛亦斯，刘德富，黄钰铃. 生态河流缓冲带构建技术初探[J]. 水资源与水工程学报，2006（2）：63-67.

卓慕宁，吴志峰，王继增，等. 珠海城区降雨径流污染特征初步研究[J]. 土壤学报，2003（5）：775-778.

邹国元，张福锁，巨晓棠，等. 冬小麦-夏玉米轮作条件下氮素反硝化损失研究[J]. 中国农业科学，2004（10）：1492-1496.